Das Geheimnis erfolgreicher Personalbeschaffung

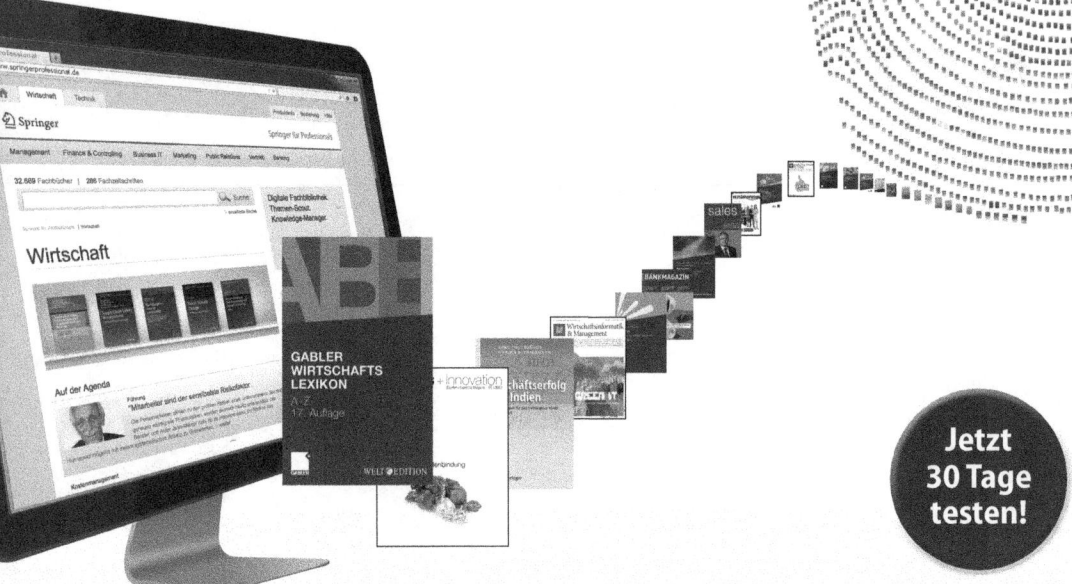

Ludwig M. Schulz

Das Geheimnis erfolgreicher Personalbeschaffung

Von der Bedarfsidentifikation bis zum Arbeitsvertrag

Ludwig M. Schulz
Wiesbaden, Deutschland

ISBN 978-3-658-02631-8   ISBN 978-3-658-02632-5 (eBook)
DOI 10.1007/978-3-658-02632-5

Die Deutsche Nationalbibliothek verzeichnet diese Publikation in der Deutschen Nationalbibliografie; detaillierte bibliografische Daten sind im Internet über http://dnb.d-nb.de abrufbar.

Springer Gabler
© Springer Fachmedien Wiesbaden 2014

Lektorat: Juliane Wagner, Eva-Maria Fürst

Gedruckt auf säurefreiem und chlorfrei gebleichtem Papier.

Springer Gabler ist eine Marke von Springer DE. Springer DE ist Teil der Fachverlagsgruppe Springer Science+Business Media
www.springer-gabler.de

Meiner Frau Doris gewidmet

Vorwort

Unter dem Stichwort „Selbsttest" findet man bei den gängigen Suchmaschinen im Internet über eine Million Treffer – und bei „Bewerbertraining" sind es mehr als eine halbe Million. Selbst Spezial-Wörter wie „Testknacker" sind immerhin noch ungefähr 20.000-mal vertreten.

Gleiches zeigt sich in der Literatur. Hier gibt es eine schier unüberschaubare Menge von Fachbüchern, die sich mit der Thematik beschäftigen, wie sich ein Kandidat[1] bestmöglich auf ein Interview vorbereiten kann, wie er sich darstellen soll, welche Antworten er geben darf/nicht geben darf bis hin zu Tipps für die passende Kleidung. Und das alles soll dem Kandidaten helfen, die Hürde des Bewerbungsgespräches erfolgreich nehmen zu können.

Das Angebot an vorbereitender Information und Hilfestellungen reicht vom Persönlichkeitstest in der Regenbogenpresse über umfassende Assessment-Center-Trainings bis hin zu vorgefertigten Bewerbungsmappen.

Kurz gesagt: Es sind vielfältige Instrumente, Hilfsmittel und Tipps für ein fachliches, persönliches und emotionales Trainingslager für die Bewerber vorhanden.

Wie sieht es aber mit dem Counterpart aus, d. h. mit dem Interviewer? Wer trainiert diejenigen, die „hinter die Stirn" sehen sollen, also all jene, die eine Entscheidung mit deutlicher Tragweite fällen? Wenn es sich um ausgebildete Spezialisten, wie z. B. Psychologen, handelt, darf ein entsprechendes Wissen unterstellt werden.

Aber was ist mit all jenen, die in ihrer Ausbildung nur bedingt mit dem Thema Personal konfrontiert wurden und deren Berufsweg sie erst später bzw. auf Umwegen in die Personalarbeit führte? Oder dem Geschäftsführer eines mittelständischen Unternehmens mit einer kleineren, meist operativ orientierten Personalabteilung, der eigentlich ganz andere Aufgaben zu bewältigen hat?

Hier werden gerne Kriterien wie langjährige Erfahrung ins Spiel gebracht. Dutzende oder auch Hunderte von Interviews und Personaleinstellungen haben diesen Erkenntnisstand reifen lassen. Nur: Reicht das schon aus?

---

[1] Aus Gründen der besseren Lesbarkeit wird im Folgenden nur die männliche Form benutzt. Gemeint sind aber immer beide Geschlechter.

Die wenigsten Unternehmen haben ihre Personalentscheider konsequent, dezidiert und vor allem professionell auf das Thema Personalsuche und -einstellung vorbereitet und auch trainiert.

Das Werk inklusive aller Inhalte wurde unter größter Sorgfalt erarbeitet. Der Autor übernimmt jedoch keine Gewähr für die Aktualität, Korrektheit, Vollständigkeit und Qualität der bereitgestellten Informationen. Druckfehler und Falschinformationen können nicht vollständig ausgeschlossen werden. Es wird keine juristische Verantwortung sowie Haftung in irgendeiner Form für fehlerhafte Angaben und die daraus entstandenen Folgen vom Autor übernommen.

Danksagung

Mein Dank gilt vor allem Mladenka Konculic, die mich bei der Erstellung des Buches tatkräftig unterstützt hat.

Inhaltsverzeichnis

Einleitung

1

Bei den meisten Arbeitgebern herrscht häufig ein unsicheres Gefühl, ob ihre Einschätzungen und Urteile richtig sind bzw. waren, wenn sie eine neue Position besetzt haben. Hat man sich tatsächlich für den Richtigen entschieden oder wurde nur der Einäugige unter den Blinden gefunden?

Es gibt zwar eine Reihe von (Psycho-)Testverfahren, um diese Unsicherheit zu reduzieren und mehr über den Menschen sowie seine Fähigkeiten zu erfahren oder sein prognostizierbares Verhalten und Ähnliches zu bestimmen. Diese interessanten und zum Teil wertvollen bzw. hilfreichen Testverfahren zur Messung kognitiver Fähigkeiten und sogenannter „Soft Skills" können als risikominimierend betrachtet werden, da sie die möglichen Zweifel reduzieren und eine Entscheidungsunterstützung geben. (Ich habe mich oft gefragt, was passieren würde, wenn ein Bewerber dem zukünftigen Vorgesetzten ebenfalls einen Testbogen vorlegen würde.)

Es soll jedoch in den folgenden Kapiteln nur am Rande auf die unterschiedlichen Tests eingegangen werden, da deren Beurteilung und Praxisnähe ein eigenes Buch füllen würden.

Wie sieht es aber in jenen Situationen aus, in denen nicht tägliche Interview-Erfahrung das Wissen geprägt hat und/oder wo wissenschaftliche Tests nicht zum Einsatz kommen (können)?

Hier arbeitet fast ausschließlich das Bauchgefühl auf Hochtouren – mit allen Vor- und Nachteilen!

Nun könnte man aber auch argumentieren, dass eine Umkehrung derjenigen Informationen, die für die Kandidaten vorliegen, dem Entscheider genug Wissen vermitteln kann, um einen Einstellungsprozess erfolgreich zu bewerkstelligen. Aber genau hier liegt ein häufiger Irrglaube!

Der Prozess der Personalsuche umfasst nämlich deutlich mehr als nur ein Interview und ggf. einen Test. Und genau in diesem Spannungsfeld ist auch der Unterschied zwischen einer fundierten Meinung/Entscheidung und einem Zufallstreffer zu finden.

L. M. Schulz, *Das Geheimnis erfolgreicher Personalbeschaffung*,
DOI 10.1007/978-3-658-02632-5_1, © Springer Fachmedien Wiesbaden 2014

Eine Fehlentscheidung kann kostenmäßig sehr schnell in den 5- bis 6-stelligen Euro-Bereich gehen, wenn man sich nach wenigen Wochen oder Monaten wieder von dem Mitarbeiter trennen muss und das ganze Prozedere von vorne beginnt.

Ergänzend zu diesen monetären Aspekten sind die nicht eindeutig bestimmbaren Kosten zu berücksichtigen, d. h. die internen und externen Auswirkungen auf das Umfeld, in dem der Mitarbeiter tätig war. Wenn sich also zum Beispiel nach kurzer Zeit schon wieder ein neuer Key-Account-Manager beim Kunden vorstellt oder der neue Produktionsleiter wiederholt vom Stellvertreter ersetzt werden muss. Dieser Imageschaden ist für das Unternehmen bzw. die Entscheider nicht in Zahlen zu fassen – aber immens!

Lassen Sie uns also festhalten: Die angebotenen Informationen über das richtige Bewerberverhalten sind vielfältig und umfangreich. Der Bewerber hat die Möglichkeit, die unterschiedlichsten Methoden kennenzulernen und sie zu trainieren, sich also bestmöglich auf diese Prüfungssituation vorzubereiten.

Für die Arbeitgeber dagegen stellt das Interview nur einen Teil des gesamten Einstellungsprozesses dar. Es soll aber mit diesem Buch der Blick auf das gesamte und komplexe Vorgehen gerichtet werden, nämlich von der Entscheidung, eine Position neu zu besetzen, über das Einstellungsprozedere bis hin zur Einarbeitung.

Sie werden dabei alle Arbeitsschritte und Methoden kennenlernen, die für die richtige Mitarbeiterauswahl notwendig, wichtig und hilfreich sind. Sie erfahren, mit welchen Instrumenten Sie diesen Prozess durchführen, welche Instrumente sich in der Praxis bewährt haben – und mit welchen man nicht arbeiten darf bzw. sollte.

Praxisfälle, themenspezifisches Hintergrundwissen und zahlreiche Arbeitsblätter sowie Checklisten sollen einen erhellenden Zugang in eine selten einfache Materie ermöglichen.

Dabei wende ich mich an all jene, die mit der Thematik Mitarbeitereinstellung professionell umgehen wollen und deren Ziel es ist, Fehlentscheidungen zu vermeiden. Dies können sowohl Geschäftsführer als auch Fachabteilungsleiter oder Mitarbeiter der Personalabteilung sein.

Genau für diese Kern-Zielgruppen wurde das vorliegende Buch geschrieben. Und eine Aussage wird uns dabei immer begleiten:

▶   **PROFI-TIPP**
    Es gibt keine guten oder schlechten Kandidaten – sondern nur passende und unpassende.

Eine Personaleinstellung

Da saß der Kandidat nun vor mir. Leicht verspätet hatte er sich. Aber noch innerhalb der akzeptablen Bandbreite. Er hatte kein Wort mit meiner Sekretärin gesprochen, als sie ihn zu meinem Büro begleitete. Sie signalisierte mir dies mit einer zwischen uns vereinbarten Geste und ergänzte in ihrer unnachahmlichen Körpersprache, dass er wohl etwas überheblich sei. Aber wahrscheinlich hatte sie ihre Antennen – wie üblich – wieder viel zu weit ausgefahren.

Ich war froh, dass von den vielen Kandidaten, die ich als Geschäftsführer der Firma Sirod über mein eigenes Netzwerk und das meiner Abteilungsleiter kontaktiert hatte, letztendlich zwei unserer Einladung gefolgt waren. Insgesamt hatten wir auf diesem Wege zehn interessante Bewerber ausfindig gemacht. Die Personalabteilung steuerte dann fünf Bewerber bei, die sie über eine Stellenbörse im Internet gefunden hatte und die man für qualifiziert hielt. Meine Erfahrung aus der Vergangenheit sagte mir aber, dass vermutlich wieder keiner dieser Bewerber für die ausgeschriebene Position geeignet war.

Ich hatte mich schon öfter deswegen geärgert und gefragt, was diese Abteilung eigentlich im Rahmen einer Personalsuche genau macht und ob sie damit nicht überfordert sei. Eine gute Personalabteilung kennt den Bedarf an Mitarbeitern, deren Qualifikation und braucht deshalb nicht erst noch ein langes Briefing. Ich weiß ja als Geschäftsführer auch, was wir brauchen! Vielleicht sollte ich einmal ein ernstes Wort mit den Verantwortlichen reden.

Da war er also – der potenzielle neue Verkaufsleiter. Ich hatte mir kurz vor dem Gespräch seine Unterlagen nochmals genauer angesehen und einige – wenn auch zugegebenermaßen nur wenige – Fragen notiert. Auf dem Bild in seiner Bewerbungsmappe machte er einen viel jüngeren Eindruck. Auch schien er seit der Aufnahme, die einige Zeit her sein dürfte, etwas fülliger geworden zu sein.

„Und, haben Sie gut hergefunden?", fragte ich ihn. Ein Personalberater hatte mir einmal gesagt, dass er diese Frage immer stellt, um erstens den Kandidaten etwas zu entkrampfen und zweitens zu erkennen, inwieweit er plant. „Na klar, ich bereite mich immer ausführlich auf meine Gespräche vor. Und dazu gehört auch, dass ich den Anfahrtsweg kenne." Das war es, was ich hören wollte.

L. M. Schulz, *Das Geheimnis erfolgreicher Personalbeschaffung*,
DOI 10.1007/978-3-658-02632-5_2, © Springer Fachmedien Wiesbaden 2014

Zugegeben, diese Frage war für einen gestandenen Vertriebler – den wir ja schließlich suchten – nicht allzu schwer zu beantworten. Trotzdem, er hatte seinen ersten Punkt gemacht! Dass er sich unaufgefordert den Kaffee selbst eingoss, verstand ich als Zeichen des Zupackens und der Initiative. Vielleicht hätte er mich fragen können, ob ich auch Kaffee wolle, aber was passiert nicht alles im Moment der Anspannung. Und der ist ja in so einem Gespräch zweifelsfrei vorhanden.

Ich stieg gleich mit meiner ersten vorbereiteten Frage ein, mit der ich ihn unter Druck setzen wollte. Er sollte schließlich gleich verstehen, wer hier der Herr im Hause ist und wer das Gespräch führt. „Warum haben Sie in den letzten zwei Jahren Ihren Arbeitgeber dreimal gewechselt?"

Reaktionsschnell und mit einer guten Portion Gelassenheit erklärte er mir, dass er trotz eingehender Recherche bei zwei Unternehmen die drohende und dann auch tatsächlich eingetretene Insolvenz nicht hatte erkennen können und der letzte Arbeitgeber ihm falsche Dinge versprochen hatte. Seine genaueren Ausführungen schienen mir glaubhaft, und ich konnte erkennen, dass er Angst davor hatte, wieder in ein finanziell angeschlagenes Unternehmen zu kommen.

Ich verstand das sehr gut und erklärte ihm detailliert, warum unser Unternehmen so gut am Markt dastehe. Ich erzählte ihm bei dieser Gelegenheit nicht nur die Historie unseres Hauses, sondern auch die Strategie und unser Erfolgsmodell. Er hörte gespannt und aufmerksam zu, und ich musste zugeben, dass er damit genau dem heutigen Bild eines Verkäufers entsprach. Er war einfach ein guter Zuhörer! Ich erklärte ihm detailliert, warum sein Vorgänger gescheitert war, und sein häufiges Nicken zeigte mir, dass er mich verstanden hatte und erkannte, worauf es mir ankam.

Nach diesen zwanzigminütigen Darstellungen hatte ich den Eindruck, dass es an der Zeit wäre, meine weiteren Fragen auf einen späteren Zeitpunkt zu verschieben und dem Kandidaten die Gelegenheit zu geben, sich einmal selbst vorzustellen. Er dankte mir für die präzisen Ausführungen und war von meiner analytischen Darstellung beeindruckt. Komplimente können mich zwar nicht beeindrucken – aber ich weiß schon, wann sie ernst gemeint sind!

In kurzen und knappen Worten – wie ich es mag – fasste er seinen Lebenslauf zusammen. Beeindruckend war dabei der Umstand, wie genau sein Werdegang zu unserem Anforderungsprofil passte. Er hatte die gleichen Visionen und stellte genau die Anforderungen an seinen zukünftigen Aufgabenbereich, wie wir als Unternehmen sie auch stellten. Deshalb überraschte es auch nicht, dass er nur wenige Fragen hatte. Dass er schon im Erstgespräch nach seinem Gehalt fragte, signalisierte mir aufs Neue seine Agilität und Zielstrebigkeit.

Kurz und gut: Ich war zufrieden und das Einholen einer Referenz bei einem früheren Arbeitgeber hielt ich für überflüssig. Zumal diese Personen sowieso nur selten gut von ehemaligen Mitarbeitern sprechen.

Wieder einmal hatte sich gezeigt, wie einfach es sein kann, den besten Mann zu finden. Mir ist es ein Rätsel, warum immer so ein Brimborium um das Thema Personalsuche und

-einstellung gemacht wird – vor allem von der Personalabteilung und den Personalberatern. Wenn ich doch nur *meine* Geschäftsziele so einfach und angenehm erreichen könnte.

Es sind dann gut fünf Monate seit dem Arbeitsantritt des neuen Vertriebsleiters vergangen. Es war schon auffällig, dass er sich die erste Zeit mehr um die Ausstattung seines Büros und seinen Firmenwagen kümmerte als um das Kennenlernen seiner Kollegen und vor allem seiner Mitarbeiter und Kunden. Es dauerte auch nicht allzu lange, bis die ersten Kunden bei mir anriefen und fragten, wann sie den Neuen endlich kennenlernen würden. Ich konnte aber beruhigt sein, als dieser mir mitteilte, dass er erst einmal seine eigene Vertriebskonzeption erstellen wolle.

In den wöchentlichen Abteilungsmeetings wuchs bei mir langsam der Verdacht, dass sich die Steuerung der Vertriebsabteilung gegen Null bewegte. Also setzte ich dem neuen Vertriebsleiter klare Ziele, die er auch so akzeptieren musste. Es geschah aber nichts! Ich erhielt höchstens lange Erklärungen, warum dieses nicht klappte und jenes nicht funktionierte. Seine Mitarbeiter zeigten erste Demotivationserscheinungen, die ich sonst an ihnen überhaupt nicht kannte.

Es beschlich mich langsam – aber sicher – das Gefühl, dass wir gemeinsam einem Blender und Schaumschläger aufgesessen waren. Ich musste einfach die Notbremse ziehen und ihn umgehend entlassen – insbesondere, als die ersten Kunden sich kommentarlos zu unseren Wettbewerbern verabschiedeten. Dass der Kerl auch noch die Frechheit besaß, uns mit fadenscheinigen Argumenten und mit der Unterstützung entsprechend fokussierter Anwälte „vor den Kadi zu zerren", schlug dem Fass den Boden aus. Ich werde nie verstehen können, was in solchen Köpfen vorgeht. Glücklicherweise spielte sich das alles in der Probezeit ab, sodass der Schaden begrenzt werden konnte.

Ich musste nach diesem Erlebnis in den sauren Apfel beißen und mit der Suche nochmals von vorne beginnen. Weil uns aber so etwas nicht noch einmal passieren sollte, holten wir uns professionelle Unterstützung von einem sogenannten Headhunter. Billig war er zwar nicht, schließlich forderte er ein Drittel des Kandidaten-Jahreseinkommens als Honorar. Als zielorientierter Auftraggeber hatte ich ihm aber schnell klar gemacht, dass ich nur im Falle einer erfolgreichen Vermittlung bezahlen werde. Ausgenommen hiervon waren natürlich die Spesen. Letztendlich bekommt ja auch unser Unternehmen sein Geld nur dann von den Kunden, wenn wir erfolgreich arbeiten.

Die von ihm eingeforderte Exklusivität verweigerte ich ihm, da ich ja auch noch andere Quellen nutzen wollte. Ich erklärte ihm kurz und knapp, auf was es mir ankam. Schließlich war er der Profi und er sollte meine Forderungen schnell verstehen können, da er ja tagtäglich Vergleichbares hörte.

Es dauerte nicht einmal fünf Tage, bis er mich anrief, um mir mitzuteilen, dass sich zwei Kandidaten gerne vorstellen würden – wenn es mir passe, einer am Montag, der andere am Freitag der übernächsten Woche. Er habe mit beiden ein ausführliches Telefoninterview geführt und könne sie nur wärmstens empfehlen. Er selbst werde nicht dabei sein, da er aus terminlichen Gründen verhindert sei. Die Kandidatenunterlagen sollte ich noch rechtzeitig erhalten.

Der „Montags-Kandidat" war durchschnittlich, ich hatte eigentlich mehr erwartet. Ich wusste nicht so richtig, woran es lag, aber mein Bauch rebellierte deutlich und gab mir unangenehme Signale. Umso gespannter war ich auf den zweiten Kandidaten. Kurz zusammengefasst: Er war eine Katastrophe! Er hatte nichts von dem vorzuweisen, was für uns dringend notwendig war. Angesprochen auf die bisherigen Ergebnisse meinte der Headhunter, dass er das nicht verstehe und auch überhaupt nicht nachvollziehen könne. Er war aber sehr erfreut mir mitteilen zu können, dass er jetzt den Richtigen gefunden habe. Er werde deshalb auch beim nächsten Gespräch dabei sein.

Ich war durch die vielen Rückschläge in meiner Euphorie deutlich gebremst. Der dritte Kandidat, der dann fünf Wochen nach dem ersten Bewerber gemeinsam mit dem Headhunter kam, machte einen besseren Eindruck. Der Headhunter schaltete sich oft in das Gespräch ein und versuchte, die Gesprächsführung zu übernehmen.

Bei mir verstärkte sich das Gefühl, dass entweder der Kandidat gebrieft war oder durch die Art der Fragen die Möglichkeit einer bestmöglichen Eigendarstellung geboten bekam. „Die Braut wird aufgehübscht", nennt das ein Bekannter von mir. Aufgrund der langen Zeitspanne konnte ich letztendlich diesen Kandidaten nicht mehr exakt mit den Ersten vergleichen, da die Erinnerung an sie bereits verblasst war.

Nachdem der Kandidat gegangen war, schilderte der Headhunter ihn in den tollsten Farben. Fachliche Kenntnisse, persönliche Eigenschaften, Erfahrungen, Referenzen und vor allem das geringe Gehalt sprächen für ihn … Irgendwie stellten sich bei mir die Nackenhaare auf.

Seit der Initialzündung zur Suche nach dem neuen Vertriebsleiter waren bereits mehr als acht Monate vergangen. Unser hervorragendes Image, das wir uns über die Jahre hinweg bei den Kunden aufgebaut hatten, begann zu bröckeln. Man fragte sich im Markt mittlerweile hinter vorgehaltener Hand, was in unserem Unternehmen nur los sei. Die wildesten Vermutungen kursierten und fanden durch die sogenannte Gerüchteküche immer wieder neue Nahrung und Facetten.

Kurz und gut, ich musste handeln. Also unterschrieb ich den Vertrag mit dem Neuen, zahlte dem Headhunter die Erfolgsprämie, eine immense Spesenrechnung und schickte mehrere Stoßgebete gen Himmel.

Kaum waren zwei Monate vergangen, musste ich wiederum feststellen, dass wir uns getäuscht hatten! Ich war in einer nahezu ausweglosen Situation. Die Umsätze brachen weg, die ersten Außendienstmitarbeiter kündigten und ich sah keine Möglichkeit der Schadensbegrenzung.

Ich musste erkennen, dass wir fast ein komplettes Jahr verschenkt und einen 6-stelligen Betrag für die beiden Personalsuchen verschleudert hatten, dass wir einem Prozess mit offenem Ausgang entgegensahen und meine bonifizierten Ziele in unerreichbare Entfernung gerückt waren.

Der durchdringende Klang meines Weckers war heute wie Engelsgesang. Schweißgebadet wachte ich auf!

Ich war froh zu erkennen, dass alles nur ein böser Traum gewesen war. Ein Albtraum mit teils überspitzten Facetten. Jedoch geriet ich ins Grübeln, ob der Traum nicht vielleicht doch etwas mit der Realität zu tun hatte. Auf jeden Fall machte er mich sehr nachdenklich.

Ich stellte fest, dass ich (im Traum!) mit meinem Verhalten mich und unsere firmeninternen Fähigkeiten schlicht und einfach überschätzt und den Wunsch zum Vater des Gedankens gemacht hatte. Bei dem Versuch, mir externe Unterstützung zu holen, hatte ich jedoch wiederholt unprofessionell gehandelt; ich war darüber hinaus – aus welchen Gründen auch immer – auf den Typus eines Headhunters hereingefallen, wie es ihn leider immer wieder gibt und der mit den typischen Verhaltensweisen „Kandidaten anhauen, umhauen und dann ganz schnell abhauen" trefflich beschrieben werden kann.

Man sagt, die Menschen in einem Unternehmen sind das wichtigste Kapital und die bedeutendste Investition. Aber wie geht man damit um? Wäre es nicht erstrebenswert, wenn man sich auch bei einer Personalbeschaffung nur annähernd so viel Mühe machen würde wie bei einer Investitionsrechnung für einen Gabelstapler?

▸   PROFI-TIPP
    **Personalentscheidungen gehören zu den wichtigsten Entscheidungen in
    einem Unternehmen. Hier ist allerhöchste Professionalität gefordert.**

Mit dieser Erkenntnis beendete ein Mandant seine Geschichte, die er mir bei einem guten Glas Wein anvertraut hatte, mit dem Hinweis, dass ich nie seinen richtigen Namen erwähnen dürfe.

Die Ausgangssituation

Vor nicht allzu langer Zeit kam mein Bekannter Thorben-Hendrik (Geschäftsführer eines mittelständischen Unternehmens mit 450 Mitarbeitern und nicht identisch mit dem soeben erwähnten Mandanten) auf mich zu. Ganz außer sich berichtete er mir, dass er völlig überraschend auf einen Schlag vier gute Mitarbeiter verloren hätte. Es handelte sich um eine Dame im Alter von 26 Jahren, die vor zwei Jahren geheiratet hatte und nun schwanger war, den IT-Abteilungsleiter, dem er vor einem halben Jahr eine anstehende Gehaltserhöhung verweigert hatte, einen Bezirksleiter der Verkaufsabteilung, der seit vier Jahren auf eine Beförderung zum Regionalleiter wartete, und letztendlich einen Sachbearbeiter des Einkaufs, der sich vor eineinhalb Jahren für eine Weiterbildungsmaßnahme angemeldet, aber bis heute keine Zusage erhalten hatte.

Auf meine Frage hin, welche Erklärung er denn für die Kündigungen hätte, sah ich in ratlose Augen, die von Unverständnis geprägt waren. Er habe einen guten Draht zu seinen Mitarbeitern und könne nicht verstehen, wie es zu dieser für ihn so misslichen Situation gekommen war.

Im weiteren Verlauf des Gespräches zeigte sich, dass bei Thorben-Hendrik Eigen- und Fremdwahrnehmung voneinander abwichen. Glücklicherweise findet in unseren Unternehmen – richtigerweise – ein permanenter Austausch zwischen Vorgesetzten, Mitarbeitern und der Personalabteilung statt – oder ist das schon wieder ein Traum? Zurück zu den Fakten …

Die Anlässe für eine Positionsbesetzung sind unterschiedlichster Art. Sie reichen von der überraschenden Kündigung eines Mitarbeiters über den Ausbau einer Abteilung oder die interne Umorganisationen bis hin zur Trennung, die vom Arbeitgeber initiiert wurde.

Allgemein lassen sich zwei Aspekte bei einer Personalsuche unterscheiden, nämlich der sogenannte Personal-Ersatz (Replacement) und die Personal-Aufstockung.

Innerhalb dieser beiden Segmente ist erfahrungsgemäß besonders der zeitliche Faktor von einer immensen Bedeutung, d. h. wird man von einer neuen Konstellation überrascht oder ist sie geplant? Die Praxis zeigt interessanterweise, dass Personalentscheidungen gerne verschoben werden – bis es kaum noch eine Alternative gibt. Wenn aber die Entscheidung

L. M. Schulz, *Das Geheimnis erfolgreicher Personalbeschaffung*,
DOI 10.1007/978-3-658-02632-5_3, © Springer Fachmedien Wiesbaden 2014

dann gefallen ist, soll die Umsetzung häufig in einem zeitlich unrealistischen Rahmen erfolgt sein.

Deshalb ist es für die Ausführenden so wichtig, nicht nur im Rahmen des Normalfalles schnell agieren zu können, sondern auch in Situationen mit einer hohen Dringlichkeitsstufe. Ein vorbereitetes Prozedere sowie vorhandene Stellen- und Positionsbeschreibungen sind hier von unschätzbarem Wert.

Man kann dann auf bekannte Instrumente und vorliegende Informationen zurückgreifen und damit bedeutend schneller, effizienter und präziser reagieren. Es ist jedoch schon erstaunlich, in wie wenigen Unternehmen solche Beschreibungen mit aktuellem Charakter vorzufinden sind.

Häufig sieht die Realität so aus, dass planlos vorgegangen wird und Problemlösungen nicht zu Ende gedacht werden. Die neue Situation wird selten als Chance erkannt, sondern ist Anlass zu einer operativen Hektik.

▶   **PROFI-TIPP**
     Operative Hektik ersetzt selten geistige Windstille.

Und damit kommen die sogenannten „Pseudo-Briefings" zum Einsatz: „Wir brauchen einen neuen Marketingleiter. Sie wissen schon – so ungefähr wie der alte, aber mit mehr Drive, weil wir ja nächstes Jahr um 10 % steigern wollen. Details können wir ja dann noch besprechen. Fangen Sie aber schon mal an zu suchen!" Solch ein Einstieg ist die beste Voraussetzung, um eine Stellenbesetzung zum Scheitern zu bringen.

Leider passiert so etwas – unter anderem aus den oben erwähnten Zeitgründen oder durch Überlastung der Entscheider – immer wieder gerne. Das Erwachen ist dann grausam: Der Kandidat entspricht bei der Präsentation nicht den Erwartungen, weil z. B. jedes Vorstandsmitglied eine andere Vorstellung von dem Neuen hatte. Der eine erwartete einen strategisch orientierten Visionär, wohingegen der andere einen Kandidaten erhoffte, der umgehend und kurzfristig das Unternehmen wieder auf Vordermann bringt.

Interessanterweise ist man sich jedoch schnell einig, dass diese Kandidaten nicht die richtigen sind und man (i. d. R. die Personalabteilung) nochmals in Klausur gehen muss. Und das nächste Mal erwartet man bessere (nicht passendere!) Kandidaten, weil ja schließlich die Zeit drängt. Übertrieben? Mitnichten! Praxis!

Für den Verantwortlichen gibt es zwei Möglichkeiten: Entweder er lässt sich spätestens jetzt – entgegen allen Widerständen und Ausreden – ein abgestimmtes Briefing geben oder er versucht aus den Bemerkungen der Entscheider ein eigenes Briefing zu erstellen.

Seien Sie sicher: Mit der zweiten Variante läutet er eine nimmer endende Geschichte ein, die am Ende des Tages die Professionalität des Beauftragten infrage stellt und gegebenenfalls auch seine Position.

Prekärer ist diese Situation für einen allein entscheidenden Geschäftsführer, wenn er keine Sparringspartner hat, die ihn bei seinem Vorgehen unterstützen können.

Was es in jedem Fall zu tun gilt, ist die konsequente und fundierte Erstellung eines exakten und vor allem mit allen Beteiligten abgestimmten Briefings! Die notwendige Zeit und eine ausgeprägte Hartnäckigkeit sollte man jedoch mitbringen.

Hierbei ist es auch höchst empfehlenswert, Informationen aus dem Umfeld des zukünftigen Mitarbeiters einzuholen, um böse Überraschungen zu vermeiden. Auf diese Weise können verschiedene Sichtweisen und damit auch Kriterien in das Anforderungsprofil einfließen und berücksichtigt werden. Dadurch wird nicht nur die Breite der Stellenbeschreibung erheblich verbessert, sondern auch die Tiefe.

Ein unterschiedliches Verständnis bzw. Sichtweise in welchem Umfang eine Position zum Beispiel Durchsetzungsvermögen verlangt, kann sehr erhellende Aspekte liefern – bis hin zum Selbstverständnis einer Abteilung. Es ist äußerst wichtig, zu einer von allen Beteiligten akzeptierten Definition eines Anforderungs-Aspektes zu gelangen. Dies gilt sowohl bei der Bestimmung der persönlichen Eigenschaften als auch der fachlichen Fähigkeiten.

Sie haben Zweifel an dieser Aussage? Ein einfaches Beispiel soll den Beweis erbringen. Zeichnen Sie doch bitte ein Fahrzeug in das leere Feld (Abb. 3.1).

Abb. 3.1 Zeichnungsfeld

Vergleichen Sie Ihre Zeichnung mit Abb. 8.1, 8.2 und 8.3 in Kap. 8.

Und welches Fahrzeug haben Sie gemalt? Vermutlich ein ganz anderes!

Je nach den individuellen Erfahrungen, Kenntnissen, Umfeldfaktoren u. Ä. zeigt sich ein ganz unterschiedliches Bild, weil jeder eine andere Vorstellung von einer Sache, einer

Eigenschaft oder einer Person hat. Und das macht es insbesondere bei einer Personalentscheidung so schwer; denn hier geht es um Menschen mit ihrer Facetten-Vielfalt.

Häufig wissen die Entscheider, wie ein neuer Mitarbeiter *nicht* sein darf, da man aus den Erfahrungen der Vergangenheit gelernt hat. Bei der Festlegung der Kriterien, wie er sein soll/muss, tun sich die Beteiligten jedoch deutlich schwerer, da dann gerne unrealistische Wunschvorstellungen zum Tragen kommen (Stichwort: „eierlegende Wollmilchsau").

Um ein Anforderungsprofil für einen Kandidaten zu definieren, ist die Bestimmung der Faktoren, die für eine erfolgreiche Ausübung der Stellentätigkeit notwendig sind, von ungeheurer Wichtigkeit. Während einige diese Anforderungen unter verschiedenen Überschriften subsumieren (z. B. Führungsverhalten, Arbeitsverhalten, Sozialverhalten etc.) und damit die Aspekte clustern, präferieren andere eine schlichte Aufzählung (z. B. Delegationsfähigkeit, Führungsvermögen, Konfliktfähigkeit etc.). Es gibt hier kein richtig oder falsch. Wohl aber ein passend oder nicht passend.

Damit ist gemeint, dass es wenig sinnvoll ist, ein vorgegebenes starres Schema einzusetzen, wenn verschiedene Faktoren gar nicht gefragt sind oder, noch schlimmer, wenn wichtige Aspekte überhaupt nicht aufgeführt sind. Es darf nämlich unterstellt werden, dass jedes Unternehmen, jede Organisation und jede Position eine andere Batterie von Anforderungen verlangt. Im Rahmen *einer* Stellenbesetzung muss sie jedoch immer gleich bleiben, um die Interview-Ergebnisse bzw. die Kandidatenangaben vergleichbar zu machen.

Es kann somit nur dringend empfohlen werden, dass das Management einmal gemeinsam definiert, welche Faktoren eigentlich den typischen Mitarbeiter ihres Unternehmens beschreiben. Hier wird schnell klar, dass unterschiedliche Unternehmensebenen, -bereiche und -positionen unterschiedliche Mitarbeiter verlangen und brauchen.

▶ **PROFI-TIPP**
   Stellen Sie sicher, dass sich alle Beteiligten auf den gleichen Anforderungs
   katalog einigen und unter den verschiedenen Kriterien auch dasselbe ver
   stehen.

Wenn dieses Grundgerüst einmal definiert wurde, ist es ein Leichtes, im Rahmen einer aktuellen Positionsbesetzung dann die ergänzenden bzw. zu streichenden Faktoren zu bestimmen. Idealerweise sollte ein solcher Anforderungskatalog jeder Stellenbeschreibung beigefügt sein!

Eine dynamisierte Stellenbeschreibung, die sowohl die Hard Skills als auch die Soft Skills einer Position beschreibt, dürfte für jeden der Beteiligten im Unternehmen eine deutlich bessere und sicherere Planung darstellen als die heute noch oft anzutreffenden statischen Stellenbeschreibungen, da man mit der dynamisierten Variante nicht nur aktuelle Aspekte berücksichtigen kann, sondern auch auf die Zukunft gerichtete.

Zweifelsfrei ist es eine große Investition in Zeit, Geduld und Überzeugungskraft. Aber wenn man es einmal geklärt hat, ist es ein Leichtes, dieses Instrument zu pflegen.

Die Zeitersparnis, die Sicherheit bei der Personalentscheidung, die Vermeidung der Kosten durch eine Fehlbesetzung und letztlich die Umgehung eines externen und internen

Imageschadens wiegen die Investition um ein Vielfaches auf. Und der Return on Investment wird sehr schnell kommen!

Geeignete Kandidaten können schneller gefunden, mögliche Suchkosten können reduziert und eine bessere Treffsicherheit sowohl in qualitativer als auch quantitativer Hinsicht kann gewährleistet werden. Diese Argumente werden die Entscheider bzw. unternehmensinternen Auftraggeber schnell überzeugen. Wie das im Einzelnen aussieht, wird an späterer Stelle vertiefend thematisiert.

Um den Umfang einer Personalsuche zu verdeutlichen, soll die Abb. 3.2 einen Eindruck vermitteln, wie viele Schnittstellen in diesem Prozess beinhaltet sind. Interessant ist dabei unter anderem, dass es nur in zwei respektive drei Situationen möglich ist, sich ein direktes Bild von einem Kandidaten zu machen.

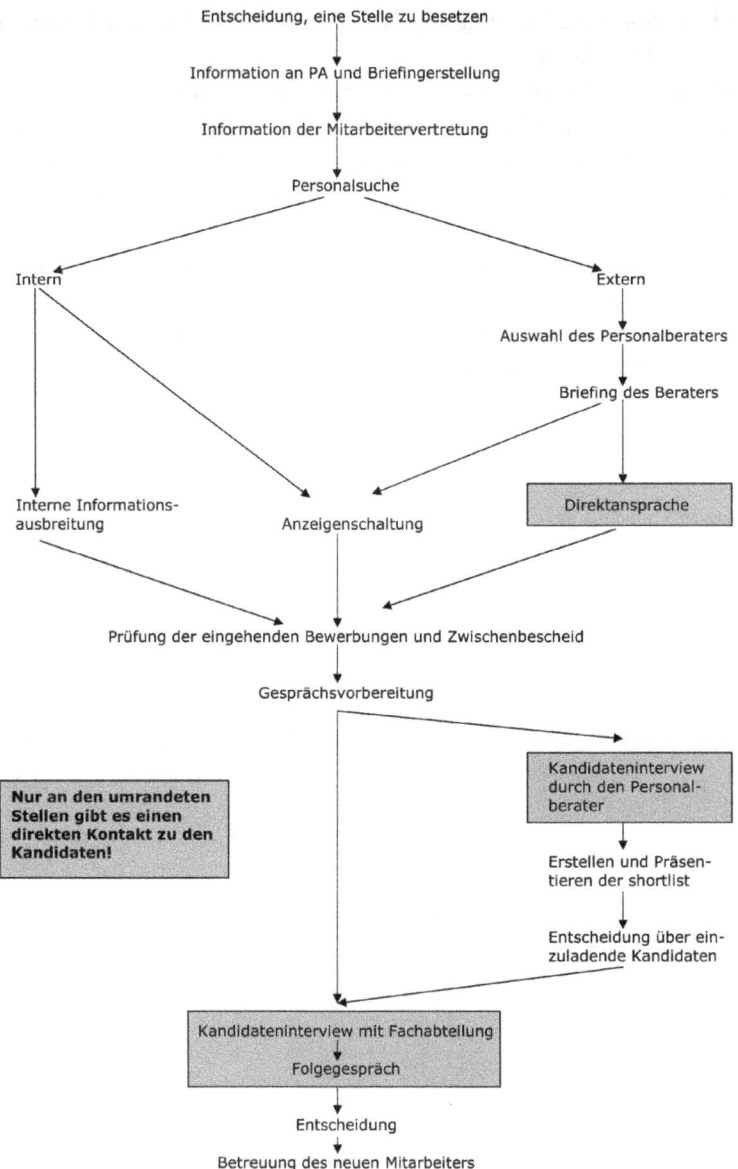

Abb. 3.2 Ablaufschema einer Stellenbesetzung

Die Tatsache, dass man nur bei zwei/drei Gelegenheiten die Möglichkeit hat, sich vor einer Entscheidung ein persönliches Bild des Kandidaten zu machen, unterstreicht die Bedeutung der anderen Aktionen. Denn nur wenn diese richtig vorbereitet bzw. ausgeführt werden, besteht die Wahrscheinlichkeit, den höchsten Nutzen aus den persönlichen Kontakten zu ziehen.

Die vorbereitenden Aktionen

4

Haben Sie einen Bekannten, der Ihnen begeistert von seinem letzten Halbmarathon oder sogar Marathon erzählt hat? Und vielleicht hat der auch noch in New York stattgefunden? Können Sie sich noch an seine Darstellung erinnern, wie er sich gequält hat, wie die Schmerzen gegen Ende immer größer wurden, wie der „große Hammer" bei Kilometer 35 zuschlug? Wie die monatelangen Vorbereitungen, die wöchentlichen Dauerläufe und Trainingseinheiten, die Ernährungsumstellung und das Reduzieren der sozialen Kontakte sein Leben davor beeinflussten, ja sogar prägten? Nein?

Kein Wunder, denn er erzählte Ihnen von der unglaublich tollen Atmosphäre, den Tausenden von Läufern, den frenetisch klatschenden und jubelnden Zuschauern und letztendlich dem nahezu unbeschreiblichen Zieleinlauf, bei dem er heute noch eine Gänsehaut bekommt, wenn er nur daran denkt.

Vielleicht sind Sie es ja auch selbst, dem Vergleichbares widerfahren ist. Dann haben Sie am eigenen Leib erfahren, was das alles bedeutet.

Und genau diese Erfahrung kann auch auf das Projekt Positionsbesetzung übertragen werden. Die Vorbereitung gehört mit zu den wichtigsten Tätigkeiten. Hier findet ein großer Teil der Denkarbeit statt. Hier entscheidet man darüber, welches Profil gesucht wird und welches auf keinen Fall zum Tragen kommen darf.

▸   PROFI-TIPP
    Eine gute und umfassende Vorbereitung ist das Fundament und meist auch der Garant für den Erfolg bei einem Personalsuche-Projekt.

4.1   Die Zielsetzung

Die Zielsetzung im Rahmen der Vorbereitung ist es, alle Aspekte zu ermitteln, die notwendig sind, um eine bestmögliche Realisierung des Projektes zu gewährleisten.

L. M. Schulz, *Das Geheimnis erfolgreicher Personalbeschaffung*,
DOI 10.1007/978-3-658-02632-5_4, © Springer Fachmedien Wiesbaden 2014

4.2   Die Ausgangs-Fragestellungen

Hierbei ist nicht nur die momentane Situation zu berücksichtigen, sondern vor allem sind auch Aspekte wichtig, wie z. B. die Frage, welchen Anforderungen der Positionsinhaber in der Zukunft gerecht werden muss. Die Antwort leitet sich besonders bei Führungskräften aus dem Unternehmensziel und der daraus resultierenden Strategie ab. An dieser Stelle zeigt sich in der Praxis manchmal schon der erste Stolperstein. Mittel- bzw. langfristige Unternehmensstrategien sind nicht immer vorhanden oder nur vage formuliert.

Demzufolge existiert auch keine klare Kenntnis über den Anforderungskatalog der zukünftigen Mitarbeiter bzw. eine konzeptionierte Personalentwicklung. Das Ausarbeiten einer klar definierten Zukunftsausrichtung wird durch das Alltagsgeschäft in den Hintergrund gedrängt, und es bleibt allzu oft bei Absichtserklärungen wie „wir sollten einmal …, wir müssen endlich" usw.

Wie wichtig das Vorhandensein einer Strategie mit der entsprechenden Konzeption jedoch ist, zeigt sich schnell an folgendem Beispiel: Wenn ein Unternehmen die Qualitätsführerschaft anstrebt, wird sicherlich ein ganz anderer Typus eines Technischer Leiters gebraucht, als wenn die Geschäftsleitung die Kostenführerschaft in ihrem Markt als Zielsetzung festgelegt hat.

Deutlich wird dies auch, wenn z. B. ein neuer Geschäftsführer gesucht wird. Es ist schnell einzusehen, dass bei einer Strategie des Downsizens ein ganz anderes Anforderungsprofil gefordert wird als in Zeiten der Expansion oder sogar in boomenden Märkten.

Darüber hinaus wollen natürlich auch die Kandidaten wissen, in welche Richtung das Unternehmen steuert und wo mögliche Entwicklungspotenziale liegen. Hierzu sind klare Zieldefinitionen zur Beantwortung notwendig.

Mögliche Fragen im Rahmen des Unternehmenszieles könnten sein:
- Wie werden sich die Ziele auf die Abteilung und deren Umfeld in den nächsten Jahren auswirken?
- Welche organisatorische Form wird unser Unternehmen aufgrund der Zielsetzung benötigen?
- Wie werden die Ziele die Anforderungen an die Stelle verändern?

Diese Beispiele zeigen, wie wichtig es ist, das Unternehmensziel in die Überlegungen mit einzubeziehen. Gleiches gilt für die Unternehmensstrategie und ihre geplante Umsetzung.

Des Weiteren stellt man nicht selten fest, dass die einzelne/n Fachabteilung/en ganz andere Zielsetzungen als die Geschäftsführung haben und vice versa. Die Ursache hierfür kann unterschiedlicher Natur sein und soll in diesem Rahmen nicht weiter erörtert werden. Fakt ist aber, dass bei divergierenden Vorstellungen auch unterschiedliche Erwartungen postuliert werden. Und wenn kein Ausweg aus diesem Dilemma gefunden wird, kann es schnell zu Enttäuschungen bei den Beteiligten kommen, wenn der neue Kandidat vorgestellt wird bzw. seine Arbeit aufnimmt.

▶   **PROFI-TIPP**
**Die Unternehmensleitung sollte mit der Fachabteilung *gemeinsam* klären,
welche Zielsetzungen es kurz-, mittel- und langfristig gibt. Ohne diese
Kenntnisse wird jede Stellenbesetzung schnell zu einem Vabanquespiel.**

Um sich ein Bild von dem aktuellen und zukünftigen Anforderungskatalog zu machen,
ist es unabdingbar, in einem ersten Schritt die Vergangenheit zu reflektieren.

Hierbei treten sehr schnell Aspekte zutage, die darüber Auskunft geben:
- Was war zur Erfüllung der Aufgabenbeschreibung hilfreich und was störend?
- Was stand in der Vergangenheit besonders im Fokus und was konnte vernachlässigt
  werden?
- Welche Kriterien waren die Treiber sowohl in eine positive als auch ggf. negative Rich-
  tung?
- Warum und wie wurden Ziele erreicht – oder auch nicht?
- Welche Voraussetzungen mussten gegeben sein, um den Anforderungen gerecht werden
  zu können?

Gleich wichtig ist die Klärung der Fragestellung, in welchem Umfeld sich der neue Mitarbeiter heute und zukünftig bewegen wird. Er wird mit einer Reihe von unternehmensinternen Schnittstellen verbunden sein, da er in der Regel in ein Team von Kollegen integriert
ist. Diese sind sowohl in einer anderen als auch in der eigenen Abteilung. Sie sind Mitarbeiter, Kollegen oder Vorgesetzte. Die Bandbreite und Unterschiede der entsprechenden
Anforderungen kann man sich leicht vor Augen führen – inklusive der divergierenden Er-
wartungshaltungen jener Personenkreise. Durch die Kenntnis und Berücksichtigung dieser
Aspekte lassen sich mögliche Konfliktpotenziale frühzeitig erkennen und eliminieren.

Fragen bzgl. der internen Schnittstellen könnten lauten:
- Welche Schnittstellen gibt es zu anderen Personen bzw. Abteilungen?
- Welche Bedeutung haben diese für die Stelle?
- In welchem qualitativen bzw. quantitativen Umfang besteht der heutige Kontakt zu den
  Schnittstellen?
- Wie werden sich diese Kontakte zukünftig verändern (müssen)?

Auch die bereits erwähnten Außenkontakte gilt es zu berücksichtigen, da sie für das
Unternehmen ebenfalls eine hohe Bedeutung haben. Welche Schnittstellen gibt es z. B.
zu Lieferanten oder Kunden und in welcher Art, Umfang und Intensität haben diese eine Relevanz? Hier ist es schon ein deutlicher Unterschied, ob sich ein neuer Mitarbeiter
im Vertrieb in einem langjährig gepflegten Kundenkontakt auf fast schon persönlicher
Ebene in einem Business-to-Business-Segment bewegt oder einem Einkäufer einer großen
Food-Handelskette gegenübersteht, die bewusst alles unternimmt, um möglichst keine Be-
ziehung zwischen den eigenen Mitarbeitern und den Externen aufkommen zu lassen. Nicht

selten wechseln deshalb Einkäufer turnusmäßig zwischen verschiedenen Warensegmenten und -gruppen.

Wenn diese Konstellationen nicht berücksichtigt werden und der neue Mitarbeiter nicht flexibel reagieren kann, ist hier möglicherweise ein weiterer Konflikt vorprogrammiert.

Mögliche Fragen zum Außenkontakt könnten lauten:

- Zu welchen Außenstellen bzw. Personen hat der neue Mitarbeiter Kontakt?
- Welche Aspekte, wie z. B. Umfang, Intensität, Wichtigkeit, Qualität, Niveau, sind dabei zu berücksichtigen?
- Welche Ziele sind zukünftig zu beachten (Ausbau, Halten oder Abbau der Kontakte)?

▶   PROFI-TIPP
    Sprechen Sie auch mit den Beteiligten an den internen und externen Schnittstellen – soweit es möglich ist – über die aktuelle und zukünftige Situation, die Erwartungshaltungen und mögliche Restriktionen.

Nicht zu vergessen sind aber auch Faktoren, die ebenfalls deutliche Auswirkungen haben können, jedoch überhaupt nicht zu beeinflussen sind, wie z. B. Politik und/oder Gesetzgebung. Werden hier mögliche Entwicklungen nicht antizipiert und mit einer Wahrscheinlichkeit des Eintreffens bewertet, kann eine Entscheidung nicht nur falsch, sondern auch schnell obsolet werden. Man denke hier nur an das Beispiel des neu eingestellten Ingenieurs und Entwicklers, der Spezialist für 12-Zylinder-Automobilmotoren ist – kurz bevor die Regierung eine immense Steuererhöhung für hubraumstarke, d. h. große Autos beschlossen hat, um unter Gesichtspunkten des Umweltschutzes in den Markt einzugreifen.

Mögliche Fragestellungen könnten lauten:

- Wie und vermutlich wann werden sich die Umfeldfaktoren (Politik, Gewerkschaften, Gesetze etc.) verändern und welche Auswirkung könnte dies haben?
- Wann und wie werden durch das Verbraucherverhalten der Markt und unser Unternehmen beeinflusst?
- Mit welcher Wahrscheinlichkeit werden diese Ereignisse eintreffen und wie reagiert man darauf?

An diesen Überlegungen lässt sich schnell erkennen, dass eine statische Stellenbeschreibung wenig hilfreich ist. Erst die Ableitung aus der Unternehmensstrategie in Verbindung mit einer Dynamisierung stellt auch langfristig die richtige Stellenbesetzung sicher.

Last, but not least ist bei der Stellenbeschreibung – in der Unternehmenspraxis auch gerne als Arbeitsplatzbeschreibung oder Job Description bezeichnet – zu beachten, welche organisatorischen und inhaltlichen Anforderungen mit der Stelle verbunden sind.

Diese beinhaltet in aller Regel die Fragestellungen:

- Positionsbezeichnung der Stelle?
- Um welche/n Abteilung/Bereich handelt es sich?
- Planstellennummer, Kostenstelle?
- Lohn-/Gehaltsgruppe/Einstufung der Funktion?
- Vorgesetzter, Stellvertreter, Mitarbeiter?
- Hauptziel der Funktion?
- Hauptaufgaben und Zuständigkeiten?
- Kompetenzen des Stelleninhabers?
- Abgrenzung der Verantwortlichkeiten?
- Zusammenarbeit mit anderen Stellen?
- Beteiligung an Ausschüssen?
- Rahmenbedingungen?
- Budgethöhe?
- Kritische Faktoren?
- Arbeitsort?
- Arbeitszeit?

Aus den Unternehmenszielen, den Erfahrungen sowie den internen Schnittstellen, den Außenkontakten, den sonstigen Einflussfaktoren der zu besetzenden Stelle und den Aufgaben des zukünftigen Mitarbeiters lässt sich dann das endgültige *Anforderungsprofil* (s. Abb. 4.1) entwickeln.

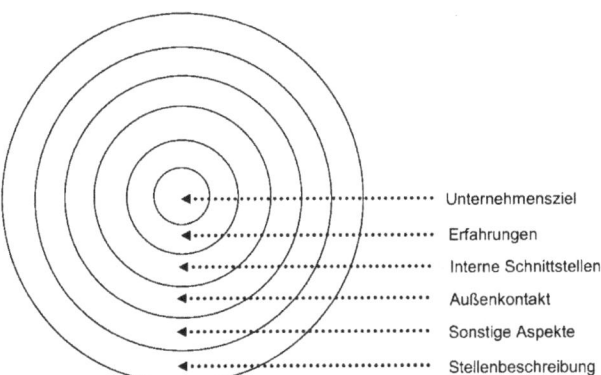

Abb. 4.1 Zusammensetzung des Anforderungsprofils

4.3   Das Anforderungsprofil

Bei der Formulierung des Anforderungsprofils, welches nun tiefer in die Materie einsteigt, wird zwischen den sogenannten Hard Skills und Soft Skills unterschieden. Unter den Hard Skills (häufig auch als Fachkompetenz bzw. -kenntnis oder Sachkompetenz bzw. -wissen bezeichnet) versteht man in aller Regel die Fähigkeit, spezielle Aufgaben und Sachverhalte entsprechend den Vorgaben eigenständig zu bewältigen. Hierzu bedarf es spezieller Erfahrungen, Kenntnisse und Fähigkeiten, um Probleme fehlerfrei und zielgerichtet zu lösen.

Bei den Soft Skills handelt es sich dagegen um individuelle Persönlichkeitseigenschaften. Es sind Einstellungen einer Person, ihr Umgang und die Verhaltensweisen in Bezug auf sich selbst und andere.

Eine genaue Bestimmung dieser Kriterien im Rahmen der Hard Skills und Soft Skills wird an späterer Stelle vorgenommen. Hier soll nur der einleitende Überblick gegeben werden.

▶   PROFI-TIPP
   Denken Sie in jeder Phase daran, mögliche Interessenvertretungen (z. B. Betriebsrat, Schwerbehindertenvertretung, Agentur für Arbeit) einzubeziehen, um nicht später böse Überraschungen zu erleben[1].

4.4   Die Bestimmung des Anforderungsprofils

Aufgrund eines strukturierten Interviews zwischen der Fach- und Personalabteilung können die besonderen fachlichen und persönlichen Anforderungen einer zu besetzenden Stelle ermittelt werden. Anhand dieses Kataloges, der die wichtigsten Kriterien beinhaltet, werden die erfolgskritischen Aspekte gemeinsam unternehmens- und stellenspezifisch definiert.

Dieser Prozess wird in sechs Stufen umgesetzt:
1. Allgemeine Rahmendaten (vgl. Tab. 4.1)
2. Identifikation erfolgskritischer Faktoren
3. Auswahl erfolgsrelevanter Anforderungskriterien
4. Operationale Definition der Anforderungskriterien
5. Festlegung des Ausprägungsgrades der Anforderungen
6. Besondere Anreiz- und Unterlassungssysteme für die Zielgruppe.

---

[1] Auf die rechtlichen bzw. betriebsverfassungsrechtlichen Aspekte, insbesondere im Fall von offenen Stellen, die auch von Schwerbehinderten besetzt werden können, wird hier nicht weiter eingegangen.

Zu Stufe 1: Allgemeine Rahmendaten

Tab. 4.1 Allgemeine Rahmenbedingungen

Datum:	Projektnummer
Stellenbesetzung angefordert von Fachabteilung:	Kurzzeichen:
Vorgesetzter:	Kurzzeichen:
Der Stelleninhaber scheidet aus am	Datum:
Die Stelle soll besetzt werden zum	Datum:
Stellenbeschreibung liegt vor?	Ja □
	Nein □
	Wird nachgereicht bis/von _____ □
Welche Stelle ist zu besetzen?	Position:
	Abteilung:
Welche Art der Stellenbesetzung wird angefordert:	Intern □
	Extern □
	Die Stelle war befristet:
	von _____ bis _____ □
	Die Stelle soll befristet besetzt werden:
	von _____ bis _____ □
	Die Stelle ist eine Vertretungsstelle:
	Art der Vertretung:
	_____ □
	Vollzeit □
	Teilzeit □ Stunden: ____
Gründe der Stellenbesetzung:	Der Stelleninhaber ist eigeninitiativ ausgeschieden □
	Der Stelleninhaber wurde/wird freigesetzt □
	Umstrukturierung der Abteilung □
	Versetzung des momentanen Stelleninhabers □
	Krankheitsvertretung □
	Urlaubsvertretung □
	Erziehungsurlaub □
	Mutterschutz □
	Erweiterung aktueller Projekte □
	Neue Projekte □
	Sonstige Gründe: □
Berufserfahrung in Jahren	_____
Ausbildung	Abitur □
	Lehre □
	FH/Universität □

Tab. 4.1 Fortsetzung

Sprachen	_____ _____ _____
Zuständiger der Fachabteilung Name: Funktion: Durchwahl:	Zuständiger der Personalabteilung Name Funktion: Durchwahl:
Besondere Anmerkungen:	Besondere Anmerkungen:

Zu Stufe 2: Identifikation erfolgskritischer Faktoren

Die folgenden für die zu besetzende Stelle relevanten Bedingungen werden nach den „erfolgskritischen Faktoren" analysiert:

a) Ziel und Zweck der Position
- Warum ist diese Stelle für den Unternehmenserfolg wichtig?
- Was ist das Arbeitsziel der zu besetzenden Position?
- Wie erreichen/erreichten erfolgreiche Stelleninhaber das Positionsziel?
- Ist der Stelleninhaber alleine mit der Aufgabe betraut oder ist eine Projektgruppe für die Entwicklung verantwortlich?
- Mit welchen kritischen Situationen ist die Tätigkeit im Projekt verbunden?
- Welche Mitarbeiter, Vorgesetzten, Abteilungen und Kunden sind für die Zielerreichung von Bedeutung?
- Worin liegt der Hauptnutzen der Position?
- Welche Schnittstellen existieren zu anderen Abteilungen?
- Wie abhängig ist die Funktion bei der Zielerreichung von anderen Mitarbeitern, Abteilungen, Kunden oder Marktentwicklungen?
- Welche schwierigen Umstände existieren bereits und wie sollte ein erfolgreicher Stelleninhaber damit umgehen?
- Welche hemmenden und/oder fördernden Faktoren sind bei der Ausführung der Tätigkeit von Bedeutung?

b) Funktionsaufgaben
- Wie sieht die konkrete Aufgabenstellung aus?
- Welche Tätigkeiten sind von ganz besonderer Bedeutung für diese Position?
- Wird die Tätigkeit in Teamarbeit ausgeführt?
- Wie sieht die Aufgabenverteilung im Team aus?
- Ist die Position in Projekte eingebunden?

- Sind Spezialkenntnisse für die Ausübung der Tätigkeit Voraussetzung?
- Durch welche Tätigkeiten entsteht die größte Wertschöpfung in dieser Funktion?
- Handelt es sich um ständig verändernde Tätigkeiten?
- Erfordert die Tätigkeit eine permanente Erneuerung der Fachkenntnisse?
- Welche Hilfen stehen für die Ausübung der Tätigkeit zur Verfügung?
- Stehen die Tätigkeiten der Funktion unter starkem äußerem Erfolgsdruck und welche sind dies (z. B. technologische Veränderungen, Marktentwicklungen und Kundenerwartungen)?

Zu Stufe 3: Auswahl erfolgsrelevanter Anforderungskriterien

Anhand eines Kataloges werden die Anforderungsmerkmale der a) Hard Skills und b) Soft Skills festgelegt. Diese Kriterien variieren selbstverständlich aufgrund der Position und der Aufgabe, da ein Verkaufsleiter sicher über andere Kenntnisse und Fähigkeiten verfügen muss als ein Kaufmännischer Geschäftsführer. Darüber hinaus sind die bereits oben genannten Aspekte zu berücksichtigen.

a) Bestimmung der Hard Skills

Hier betrachtet man alle Kenntnisse und Fertigkeiten, die ein Kandidat aus seiner Erfahrung heraus mitbringen kann, soll bzw. muss. Da die fachlichen Kenntnisse der einzelnen Berufsbilder und Positionen nicht vergleichbar, sondern höchst unterschiedlich sind, kann kein allgemein geltender Katalog erstellt werden. Im Falle eines Vertriebsleiters könnte dies wie in Tab. 4.2 aussehen. Eine detaillierte Betrachtung wird an späterer Stelle vorgenommen.

Tab. 4.2 Hard Skills eines Vertriebsleiters (Beispiel)

Allgemeine Vertriebsfunktionen	Branchen/Businessbereiche	Führungskenntnisse
Planung	Reporting	Unternehmensbereiche
Sonstiges	Spezielle Vertriebskenntnisse	Sprachen

b) Bestimmung der Soft Skills

Aus der Liste mit 111 Begriffen (s. Tab. 4.3) kann man die für die Position besonders wichtigen herausnehmen und wie einen Baukasten zusammensetzen. Die Anzahl der Items sollte jedoch nicht zu umfangreich sein, da deren Überprüfung – z. B. im Rahmen eines Interviews – sonst nicht mehr praktikabel ist.

Die Praxis zeigt, dass man aus diesem Grund auch nur maximal fünf Begriffe mit „muss unbedingt haben" vorgeben sollte. Generell ist festzuhalten, dass immer die Tendenz besteht, den idealen Traum-Kandidaten zu bestimmen, der alle Punkte optimal erfüllen muss – was jedoch bei objektiver Betrachtungsweise unrealistisch sein dürfte.

Tab. 4.3 111 Items für die Bestimmung der Soft Skills

Anpassungsfähigkeit	Auffassungsgabe	Aufgeschlossenheit
Auftreten	Ausdauer	Ausgeglichenheit
Außenwirkung	Begeisterungsfähigkeit	Belastbarkeit
Bescheidenheit	Besonnenheit	Beständigkeit
Beweglichkeit	Charakterstärke	Demonstratives Verhalten
Dienstleistungsverhalten	Diplomatisches Verhalten	Direktheit
Dominanz	Durchsetzungsvermögen	Eigenverantwortlichkeit
Einsatzbereitschaft	Energisches Verhalten	Entscheidungsfreudigkeit
Entschlossenheit	Erfolgswille	Ergebniskontrolle
Ergebnisorientierte Einstellung	Ernsthaftigkeit	Extrovertiertheit
Fachkompetenz	Flexibilität	Freundlichkeit
Frustrationstoleranz	Führungsfähigkeit	Geduld
Glaubwürdigkeit	Großzügigkeit	Hartnäckigkeit
Ideenreichtum	Identifikation	Improvisationsfähigkeit
Individualität	Initiative	Innovationsfähigkeit
Integrationsfähigkeit	Integrität	Interkulturelle Kompetenz
Introvertiertheit	Kommunikationsfähigkeit	Kompromissfähigkeit
Konfliktfähigkeit	Kontaktfähigkeit	Kontrolliertheit
Kooperationsfähigkeit	Kosten-Nutzen-Bewusstsein	Kreativität
Kritikfähigkeit	Kundenorientierung	Leistungswille
Lernbereitschaft	Liebenswürdigkeit	Logisches Denken
Loyalität	Marktverständnis	Medienorientierung
Methodenkompetenz	Mut	Neugierde
Offenheit	Organisationsfähigkeit	Pionierartige Einstellung
Planungsvermögen	Positive Einstellung	Präsentationsstärke
Problemanalyse	Professionalität	Risikobereitschaft
Rücksicht	Schriftliche Ausdrucksfähigkeit	Selbstbeobachtung
Selbstbewusstsein	Selbstmotivation	Selbstständigkeit
Serviceverhalten	Sicherheitsorientierung	Sorgfalt
Souveränität	Sozialkompetenz	Spontanität
Stetigkeit	Stressstabilität	Systematisches Vorgehen
Teamfähigkeit	Technisches Verständnis	Temperament
Toleranz	Traditionsbewusstsein	Treibendes Verhalten
Überzeugungskraft	Unabhängigkeit	Unternehmerisches Denken
Urteilsvermögen	Veränderungsfähigkeit	Verhandlungsgeschick
Vernetztes Denken	Wettbewerbsorientierung	Willensstärke
Wortgewandtheit	Zielorientierung	Zuverlässigkeit

Zu Stufe 4: Operationale Definition der Anforderungskriterien

Da jeder von uns unter diesen Kriterien (s. Tab. 4.3) etwas anderes versteht, soll mit der folgenden Beschreibung (s. Tab. 4.4) sichergestellt werden, dass ein einheitliches Verständnis unterschiedlicher Begriffe existiert. Oder mit anderen Worten: Durch welche Verhaltensweisen lassen sich die festgelegten Anforderungskriterien beispielhaft belegen?

Dabei wurden für das vorliegende Buch nicht alle Items „mit Leben gefüllt", sondern lediglich diejenigen, die in der Praxis am häufigsten zur Anwendung kommen.

Tab. 4.4 36 Anforderungskriterien

Anforderungen	Verhaltensweisen
1. Lernbereitschaft	Ist fähig und willens Neues zu lernen
	Setzt sich gerne mit neuen Herausforderungen auseinander
	Sucht und findet Bereiche, die sein Wissen vergrößern
	Integriert auch Randbereiche in sein Kenntnisspektrum
	Macht sich schnell mit neuen Sachgebieten vertraut
	Ist in der Lage, sich neues Wissen anzueignen
2. Initiative	Hat keine Berührungsängste vor Aufgaben
	Kann neue Entwicklungen gut einschätzen
	Geht mit Herausforderungen systematisch, zielorientiert und angemessen um
	Ist immer auf der Suche nach neuen Aufgaben
	Ist ein Aktivposten im Team
	Überprüft Vorhandenes und optimiert dies gegebenenfalls
	Gibt Impulse, nimmt Impulse auf und arbeitet an deren Realisierung
3. Teamfähigkeit	Stellt sich zur gemeinsamen Zielerreichung voll in den Dienst der Gruppe
	Besitzt eine positive Grundeinstellung den Teammitgliedern gegenüber
	Kann auch die Leitung in einem Team übernehmen
	Setzt klare Strukturen in einem Team
	Kann sich den Zielen des Teams unterordnen
	Gibt Impulse zu Problemlösungen
	Ist hilfsbereit, wenn Kollegen erhöhten Arbeitsaufwand haben
	Geht gut mit Kritik um
	Kann Probleme im Team lösen und setzt sich für das Team ein
	Teilt Infos und Know-how mit anderen
	Ist bereit Aufgaben zu übernehmen oder abzugeben
	Kann mit Argumenten überzeugen
	Kann sich selbst zurücknehmen
	Hält „Commitments" ein

Tab. 4.4 (Fortsetzung)

Anforderungen	Verhaltensweisen
4. Entscheidungs-freudigkeit	Entscheidet auch unter Unsicherheit
	Ist risikobereit, ohne ein Hasardeur zu sein
	Kann sich auch gegen Widerstände durchsetzen
	Antizipiert zukünftige Entwicklungen und stellt sich darauf ein
	Weiß, wann entschieden werden muss
	Hat klare Zielvorstellungen
5. Überzeugungs-kraft	Versteht es, seine/ihre Ansprechpartner für seine/ihre Ideen und Vorstellungen einzunehmen
	Stellt Argumente und Vorschläge transparent dar
	Trägt aktiv zu konstruktiven und zielführenden Problemlösungen bei
	Versteht es, seine/ihre Zuhörer zu begeistern
6. Problemanalyse	Setzt sich differenziert und mit angemessenem Vertiefungsgrad mit Aufgaben auseinander
	Erfasst die Komplexität der jeweiligen Fragestellungen und erkennt deren zentrale Probleme
	Strukturiert die arbeitsplatzbezogenen Problemstellungen in Teilaufgaben
	Entwickelt realistische und umsetzbare Lösungen für die entstandenen Fragestellungen
	Vorschläge für bestehende Probleme seines/ihres Arbeitsplatzes sind praktikabel und nachvollziehbar
	Informiert sich und kommuniziert ggf. mit anderen
	Gibt nicht auf, führt die Sache zu Ende
7. Vernetztes Denken	Verbindet die zur Bewältigung seiner/ihrer Aufgabenstellung wesentlichen Einzelaspekte zu einer umfassenden Problemstellung
	Entwickelt für die Problemstellungen Lösungen, die eine übergeordnete Lösungsstrategie erkennen lassen
	Berücksichtigt alle relevanten Faktoren auch bei Lösungsstrategien für Einzelprobleme
8. Belastbarkeit	Ist locker, freundlich und zeigt angemessenen Humor
	Sieht eher die Chancen als das Risiko
	Arbeitet auch unter Druck konstant, fehlerfrei und zielorientiert
	Hält ein hohes Tempo
	Kann mit zusätzlich auftauchenden Problemen souverän umgehen
	Hat sich auch in Extremsituationen im Griff
	Arbeitet auch bei Störungen konzentriert
	Kann sich auch unter Stress auf das Wesentliche konzentrieren

Tab. 4.4 (Fortsetzung)

Anforderungen	Verhaltensweisen
9. Verhandlungs-geschick	Kann gut zuhören
	Argumentiert gut nachvollziehbar
	Kennt unterschiedliche Verhandlungsmethoden
	Kann sich auf den Partner einstellen und ihn verstehen
	Ist immer sehr gut vorbereitet
	Verliert sein Ziel nie aus den Augen
	Hat eine hohe Frustrationsschwelle
	Ist souverän und kann sich kritischen Situationen schnell und gut zielfokussiert anpassen
10. Konflikt-fähigkeit	Stellt sich problematischen Situationen
	Geht konstruktiv mit Problemen um
	Ist in der Lage, Konflikte von mehreren Seiten zu betrachten
	Zeigt Ruhe und Gelassenheit
	Ist auch in schwierigen Momenten zielorientiert
	Behält den Überblick
11. Flexibilität	Kann sich in unerwarteten Situationen gewinnbringend anpassen, ohne unterwürfig zu sein
	Beharrt nicht auf Früherem
	Interessiert sich für Neues
	Sucht und braucht neue Impulse
	Findet sich schnell in unbekannten Gegebenheiten zurecht
	Ist lernbereit und -fähig
	Verliert nicht den Überblick
	Privates Umfeld/private Situation passt zur Stellenanforderung
12. Frustrations-toleranz	Sieht auch in kritischen Situationen das Positive
	Kann Rückschläge gut verarbeiten
	Akzeptiert unterschiedliche Meinungen bzw. Anordnungen
	Erkennt demotivierende Ereignisse als Herausforderung
	Zeigt Stand- und Durchhaltevermögen
	Behält auch in schwierigen Situationen den Überblick
13. Logisches Denken	Erkennt Strukturen und Systematiken
	Zieht folgerichtige Schlüsse
	Erkennt Wesentliches, verzettelt sich nicht
	Ist stringent in Gedankenabläufen
14. Kompromiss-fähigkeit	Bereitschaft, mit anderen sachlich direkt zusammenzuarbeiten
	Eigene Vorstellungen und Ziele werden bei Erfordernis untergeordnet
	Fähigkeit zur Erarbeitung von Win-win-Situationen

Tab. 4.4 (Fortsetzung)

Anforderungen	Verhaltensweisen
15. Innovations-fähigkeit	Greift Trends und Tendenzen auf
	Optimiert Prozesse
	Stellt Gegebenheiten infrage
	Findet Schwachpunkte in bestehenden Systemen und verändert diese
16. Unternehmeri-sches Denken	Denkt und handelt ergebnisorientiert
	Wägt ab zwischen Kosten und Nutzen
	Berücksichtigt wirtschaftliche Aspekte
	Handelt zukunftsorientiert und vorausschauend
17. Führungs-fähigkeit	Kann integrieren
	Ist eigeninitiativ und risikobereit
	Agiert treibend
	Schafft Akzeptanz
	Kann motivieren
	Besitzt Vorbildfunktion
	Kann Ziele setzen
	Steckt sich realistische Ziele und erreicht diese im Regelfall
	Ist ehrgeizig
	Ist bereit, für ein gestecktes Ziel auch hart zu arbeiten
18. Risikobereit-schaft	Trifft Entscheidungen auch unter Unsicherheit
	Scheut sich nicht, ggf. negative Ergebnisse in Kauf zu nehmen
	Geht neue und unbekannte Wege
19. Stressstabilität	Bewahrt in Stresssituationen die Ruhe und den Überblick
	Erkennt und setzt in Stresssituationen die richtigen Prioritäten
	Bleibt in Stresssituationen trotzdem freundlich und hilfsbereit
	Kann unter Zeitdruck (effektiv) arbeiten
	Ist bereit, auch bei Schwierigkeiten weiterzuarbeiten
	Gibt Druck nicht unreflektiert weiter
20. Ergebnisorien-tierte Einstellung	Wägt Kosten-Nutzen-Aspekt ab
	Hält Vorgaben sach- und termingerecht ein
	Verliert sich nicht in Details
	Behält die Übersicht
21. Erfolgswille	Besitzt starke Motivation, gesteckte Ziele zu erreichen
	Bringt Aufgaben möglichst zu positivem Abschluss
	Kann sich durchsetzen
	Zeigt Konsequenz und Rückgrat
22. Selbst-motivation	Ist nicht abhängig von äußeren Belohnungen
	Lässt sich nicht durch äußere Einflüsse motivieren bzw. demotivieren
	Treibt sich selbst an

Tab. 4.4 (Fortsetzung)

Anforderungen	Verhaltensweisen
23. Kunden-orientierung	Greift Ideen und Wünsche des Kunden auf
	Verfolgt Ziele des Kunden
	Stellt eigene Interessen hinter die Interessen des Kunden
	Spricht die Sprache des Kunden
	Stimmt Vorgehen mit dem Kunden ab
	Geht auf individuelle Situation des Kunden ein
24. Kommunika-tionsfähigkeit	(Re-) Präsentiert (sich selbst, das Unternehmen)
	Kann zuhören, geht auf Gegenüber ein
	Lässt Informationen fließen
	Kann auf Leute zugehen
	Spricht Probleme innerhalb des Teams an
	Gibt Informationen weiter, die auch für andere wichtig sind
	Diskutiert Arbeitsergebnisse
	Beherrscht Rhetorik, Ansprache, Argumentation
25. Organisations-fähigkeit	Kann in Zusammenhängen denken/Überblick gewinnen
	Kann viele verschiedene Dinge miteinander koordinieren
	Setzt Prioritäten (wichtig vs. dringend)
	Managt verfügbare Zeit
26. Zielorientierung	Vereinbart Ziele
	Definiert Ziele
	Kontrolliert den Status der Zielerreichung
	Holt sich Hilfe bei Nicht-Erreichen von Zwischenzielen
	Lässt sich nicht von dem Weg abbringen
	Überprüft kontinuierlich Ziele, flexible Anpassung
27. Anpassungs-fähigkeit	Fügt sich in die bestehende Hierarchie ein
	Geht konstruktiv mit negativen Emotionen um
	Toleriert unterschiedliche Charaktere
	Akzeptiert die Teamziele
28. Durchsetzungs-vermögen	Überzeugt andere von seinen Ideen
	Hält an Zielen fest
	Argumentiert geduldig
	Berücksichtigt andere Meinungen zweckorientiert
	Besitzt Energie und Stehvermögen
29. Kreativität	Sucht und findet neue Wege
	Kombiniert Bekanntes zu Neuem
	Hat viele Ideen, auch ungewöhnliche
	Ist offen für Neues
	Ist manchmal grenzüberschreitend, normenverletzend

Tab. 4.4 (Fortsetzung)

Anforderungen	Verhaltensweisen
30. Dominanz	Zielt auf sofortige Ergebnisse
	Trifft schnelle Entscheidungen
	Beansprucht Autorität, übernimmt das Kommando
	Bringt Dinge ins Rollen
	Sucht die Herausforderung und nimmt sie an
	Stellt Bestehendes infrage
31. Ausgeglichen-heit	Bleibt auch bei Hektik ruhig und besonnen
	Ist „der Fels in der Brandung"
	Sucht vor einer Entscheidung möglichst viele Kriterien und Informationen
	Ist stressstabil
	Wird gerne als Gesprächspartner konsultiert
	Wägt Aussagen, Meinungen und Entscheidungen ab
32. Freundlichkeit	Geht offen auf Menschen zu
	Denkt positiv
	Besitzt und behält Humor – auch in kritischen Situationen
	Kann gut zuhören
	Interessiert sich für Themen anderer
	Ist unkompliziert
33. Wortgewandt-heit	Ist eloquent
	Kann umfangreiche Themen klar darstellen
	Drückt sich präzise und verständlich aus
	Passt sich sprachlich dem Gegenüber an
	Besitzt umfangreichen aktiven Wortschatz
	Ist ein guter Rhetoriker
	Kann gut präsentieren
34. Zuverlässigkeit	Arbeitet konsequent und zielorientiert
	Braucht keine Kontrolle
	Arbeitet fehlerfrei
	Denkt mit und fällt Entscheidungen im Sinne des Unternehmens
	Besitzt hohe Loyalität
35. Urteils-vermögen	Bezieht auch andere/unpopuläre Meinungen ins Kalkül ein
	Kann Positives und Negatives zielorientiert abschätzen
	Wartet mit der Meinungsbildung bis alle entscheidenden Aspekte vorliegen
	Hinterfragt und überprüft getroffene Entscheidungen
	Analysiert Sachverhalte, bewertet diese und trifft produktive Entscheidungen

Tab. 4.4 (Fortsetzung)

Anforderungen	Verhaltensweisen
36. Integrität	Steht auch in schwierigen Zeiten zu getroffenen Entscheidungen
	Das Verhalten deckt sich mit der Einstellung
	Ist auch in kritischen Situationen verlässlich
	Ist verschwiegen und vertrauenswürdig
	Ist über jeden Verdacht erhaben

Diese (exemplarischen) 36 Anforderungen werden je nach Bedarf mit den entsprechenden Verhaltensweisen für das eigene Unternehmen angepasst, indem weitere relevante und
unternehmensspezifische Aspekte ergänzt werden. In der Regel ist es ausreichend, diese Definitionen einmal zu bestimmen – was sicherlich mühsam ist, sich jedoch mehr als
auszahlt, da so zukünftige Missverständnisse vermieden werden und der Prozess deutlich
beschleunigt wird. Es kann nämlich bei allen Positionsbesetzungen auf dieses gemeinsame
Verständnis zurückgegriffen werden. Mit dieser gemeinsamen Festlegung kann dann der
nächste Schritt erfolgen, nämlich das Briefing.

Zu Stufe 5: Festlegung des Ausprägungsgrades der Anforderungen
Das Briefing wurde in seinem Gerüst auf den letzten Seiten bereits beschrieben. Nun geht
es darum, dieses genauer zu fassen und für die einzelne Stelle zu definieren.

In Abb. 4.2, 4.3 und 4.4 sind am Beispiel eines Vertriebsleiters die Hard Skills – wie
sie weiter oben noch allgemein formuliert waren – jetzt genau definiert. Es ist hier die
Aufgabe, die Kriterien zu gewichten, d. h. zu bestimmen, in welcher Ausprägung sie bei
dem Kandidaten vorhanden sein müssen.

Der Inhalt des Formulars, d. h. die Kriterien, sollte von allen Entscheidern und möglichst auch den peripher Beteiligten bestimmt werden. Nach der Einigung auf die fachlichen Kriterien erhält jeder Beteiligte das Ergebnis, um die Ausprägung der notwendigen
Tätigkeiten zu bestimmen. Diese Aufgabe wird von jedem Teilnehmer einzeln vorgenommen.

Nach der Rückgabe der individuellen Bewertungen werden diese verdichtet und aus-
gewertet. Die Ergebnisse werden anschließend gemeinsam besprochen, um zu klären, ob
eine einheitliche Meinung vorliegt oder eine deutliche Divergenz zu verzeichnen ist.

Im letzteren Fall ist die sich ergebende Diskussion in der Regel sehr erhellend. Unterschiedliche Meinungen, Erfahrungen, Anforderungen und Erwartungen prallen auf-
einander. Sollte hier kein Konsens für die Beschreibung der neuen Position und des Po-
sitionsinhabers gefunden werden, sind Konflikte bezüglich der Kandidaten-Beurteilung
vorprogrammiert. Primär sollten in diesem Kreis deshalb alle relevanten Beteiligten ein-
bezogen werden.

Diese Ausarbeitung (s. Abb. 4.2, 4.3 und 4.4) ist somit die Grundlage, anhand derer zu
einem späteren Zeitpunkt beurteilt wird, ob die Ist- mit den Soll-Faktoren übereinstimmen
und damit auch eine Entscheidung über den Kandidaten gefällt werden kann.

Position: Vertriebsleiter (m/w)   **Name: Martin Mustermann**

Fachliche Kenntnisse

Bitte geben Sie an, wie gut die Kenntnisse (= Beherrschen, Können, Erfahrung) in den einzelnen Bereichen sein müssen.

0 = keine Kenntnisse notwendig
1 = Grundkenntnisse
2 = gute Kenntnisse
3 = hervorragende Kenntnisse

		0	1	2	3
1.	**Unternehmens-Bereiche**				
	Kaufmännischer Bereich	☐	☐	☐	☐
	Vertrieb	☐	☐	☐	☐
	Marketing	☐	☐	☐	☐
	Einkauf	☐	☐	☐	☐
	Produktion	☐	☐	☐	☐
	Logistik	☐	☐	☐	☐
	Personal	☐	☐	☐	☐
	EDV	☐	☐	☐	☐
	Recht	☐	☐	☐	☐
	Export	☐	☐	☐	☐
	Sonstige:	☐	☐	☐	☐
2.	**Branchen-/Business-Bereiche**				
	Nonfood	☐	☐	☐	☐
	Food	☐	☐	☐	☐
	Dienstleistung	☐	☐	☐	☐
	Handel	☐	☐	☐	☐
	Industrie	☐	☐	☐	☐
	B2C	☐	☐	☐	☐
	B2B	☐	☐	☐	☐
	Mittelstands-Erfahrung	☐	☐	☐	☐
	Großunternehmens-Erfahrung	☐	☐	☐	☐
	Internationale Erfahrung	☐	☐	☐	☐
	Sonstige:	☐	☐	☐	☐
3.	**Vertriebsfunktionen**				
	Internationaler Vertrieb	☐	☐	☐	☐
	Nationaler Vertrieb	☐	☐	☐	☐
	Regionaler Vertrieb	☐	☐	☐	☐
	Bezirksvertrieb	☐	☐	☐	☐
	Key Account Management	☐	☐	☐	☐
	Merchandising	☐	☐	☐	☐
	Innendienst	☐	☐	☐	☐
	Direktvertrieb	☐	☐	☐	☐
	Indirekter Vertrieb	☐	☐	☐	☐
	Sonstige:	☐	☐	☐	☐
		☐	☐	☐	☐

Abb. 4.2 Hard Skills Teil I

Position: Vertriebsleiter (m/w)   **Name: Martin Mustermann**

Fachliche Kenntnisse

	0	1	2	3
4. Spezielle Vertriebskenntnisse				
Großhandel	☐	☐	☐	☐
Einzelhandel	☐	☐	☐	☐
Channel Management	☐	☐	☐	☐
CRM	☐	☐	☐	☐
ECR	☐	☐	☐	☐
Messen	☐	☐	☐	☐
Klassisches Marketing	☐	☐	☐	☐
Handelsmarketing	☐	☐	☐	☐
Sonstiges:	☐	☐	☐	☐
5. Planung				
Vertriebskonzept-Erstellung	☐	☐	☐	☐
Kundenplanung (inkl. DB, Mengen, Umsatz)	☐	☐	☐	☐
Neugeschäftsplanung	☐	☐	☐	☐
Budgetplanung, Forecast	☐	☐	☐	☐
Vertriebscontrolling	☐	☐	☐	☐
Budgetverantwortung	☐	☐	☐	☐
Wettbewerbsanalysen	☐	☐	☐	☐
Marktanalysen	☐	☐	☐	☐
Sonstiges:	☐	☐	☐	☐
6. Reporting				
Erstellen von Monats-, Quartals und Jahresberichten	☐	☐	☐	☐
Reporting-Präsentationen	☐	☐	☐	☐
Entwicklung von Vertriebsinformations- und Steuerungssystemen	☐	☐	☐	☐
Pflege von Vertriebsinformations- und Steuerungssystemen	☐	☐	☐	☐
Steuerung durch Kennzahlen	☐	☐	☐	☐
Sonstige:	☐	☐	☐	☐
7. Führungskenntnisse				
Führungs-Instrumente	☐	☐	☐	☐
Einstellung	☐	☐	☐	☐
Entlassung	☐	☐	☐	☐
Fachliche Führung	☐	☐	☐	☐
Disziplinarische Führung	☐	☐	☐	☐
Beurteilungsgespräche	☐	☐	☐	☐
Ausbildung / Qualifikation	☐	☐	☐	☐
Umgang mit Betriebsrat	☐	☐	☐	☐
Sonstige:	☐	☐	☐	☐

Abb. 4.3 Hard Skills Teil II

Position: Vertriebsleiter (m/w)   **Name: Martin Mustermann**

Fachliche Kenntnisse

		0	1	2	3
8.	Sprachen				
	Englisch				
	Französisch				
	Sonstiges:				
9.	Sonstiges:				
	IT-Programme				

Abb. 4.4 Hard Skills Teil III

In gleicher Weise ist mit den Soft Skills zu verfahren (s. Abb. 4.5). Auch hier ist der Aus-prägungsgrad der einzelnen Items zu bestimmen. Im Unterschied zu den Hard Skills ist hier jedoch noch ein Bewertungskriterium mehr eingefügt, nämlich „darf nicht haben/sein". Hiermit sollen unerwünschte Verhaltensweisen besonders berücksichtigt werden, die ein Kandidat auf gar keinen Fall aufweisen darf.

Als Beispiel werden die Anforderungen aus Tab. 4.4 mit ihren entsprechenden Verhal-tensweisen herangezogen.

Position: Vertriebsleiter (m/w)   Name: Martin Mustermann

Persönliche Eigenschaften

I. Bitte kreuzen Sie in der Skala unten **alle** items an.

II. Die Skala hat von links nach rechts fünf Abstufungen mit den Bedeutungen:

$$0 = \text{darf nicht haben}$$
$$1 = \text{unwichtig}$$
$$2 = \text{bedingt wichtig}$$
$$3 = \text{wichtig}$$
$$4 = \text{sehr wichtig (d.h. muss unbedingt haben)}.$$

III. Vergeben Sie dabei nur **maximal 5 mal "sehr wichtig"**

	0	1	2	3	4
Lernbereitschaft	☐	☐	☐	☐	☐
Initiative	☐	☐	☐	☐	☐
Teamfähigkeit	☐	☐	☐	☐	☐
Entscheidungsfreudigkeit	☐	☐	☐	☐	☐
Überzeugungskraft	☐	☐	☐	☐	☐
Problemanalyse	☐	☐	☐	☐	☐
Vernetztes Denken	☐	☐	☐	☐	☐
Belastbarkeit	☐	☐	☐	☐	☐
Verhandlungsgeschick	☐	☐	☐	☐	☐
Konfliktfähigkeit	☐	☐	☐	☐	☐
Flexibilität	☐	☐	☐	☐	☐
Frustrationstoleranz	☐	☐	☐	☐	☐
Logisches Denken	☐	☐	☐	☐	☐
Kompromißfähigkeit	☐	☐	☐	☐	☐
Innovationsfähigkeit	☐	☐	☐	☐	☐
Unternehmerisches Denken	☐	☐	☐	☐	☐
Führungsfähigkeit	☐	☐	☐	☐	☐
Risikobereitschaft	☐	☐	☐	☐	☐
Streßstabilität	☐	☐	☐	☐	☐
Ergebnisorient. Einstellung	☐	☐	☐	☐	☐
Erfolgswille	☐	☐	☐	☐	☐
Selbstmotivation	☐	☐	☐	☐	☐
Kundenorientierung	☐	☐	☐	☐	☐
Kommunikationsfähigkeit	☐	☐	☐	☐	☐
Organisationsfähigkeit	☐	☐	☐	☐	☐
Zielorientierung	☐	☐	☐	☐	☐
Anpassungsfähigkeit	☐	☐	☐	☐	☐
Durchsetzungsvermögen	☐	☐	☐	☐	☐
Kreativität	☐	☐	☐	☐	☐
Dominanz	☐	☐	☐	☐	☐
Ausgeglichenheit	☐	☐	☐	☐	☐
Freundlichkeit	☐	☐	☐	☐	☐
Wortgewandtheit	☐	☐	☐	☐	☐
Zuverlässigkeit	☐	☐	☐	☐	☐
Urteilsvermögen	☐	☐	☐	☐	☐
Integrität	☐	☐	☐	☐	☐

Abb. 4.5 Soft Skills

Zu Stufe 6: Besondere Anreiz- und Unterlassungssysteme für die Zielgruppe
- Welche Anreize können bei der zu besetzenden Position geboten werden?
- Welche mit der Position verbundenen Funktionen könnten das Interesse für eine Bewerbung wecken?
- Was ist an der Position und der Funktion besonders motivierend?
- Welche beruflichen bzw. persönlichen Entwicklungschancen sind mit der Ausübung der Position bzw. Funktion verbunden?
- Gibt es besondere Entlohnungssysteme?
- Was ist an dieser Position besonders demotivierend?
- Welche Probleme sind kurz- und mittelfristig erkennbar?
- Welche Kriterien sind als erfolgskritisch zu beachten?

Die Personalrekrutierungs-Methoden

5

Thorben-Hendrik war stolz auf sich und seine Vorbereitung. Umfänglich und fundiert hatte er das Thema bearbeitet und dabei an alles gedacht, was es zu berücksichtigen galt. Er sah den Kandidaten bereits förmlich vor seinem geistigen Auge – und er freute sich, ihn bald kennenzulernen.

Da er jedoch ein sehr kostenorientierter Mensch ist, war es für ihn undenkbar, Geld für die Kandidatensuche auszugeben. Er betrachtete dieses auch nicht als Investition, sondern als Verschwendung. Zumal er vor nicht allzu langer Zeit einen Artikel über „Guerilla-Marketing" gelesen hatte. Kreativ und ungewöhnlich sollte es sein.

Also verschickte er sein definiertes Anforderungsprofil an alle relevanten Personen aus seinem Netzwerk. Geschäftsführer, Sportkollegen und Bekannte wurden gebeten zu prüfen, ob sie nicht einen Mitmenschen kennen, auf den diese Beschreibung passen könnte. Es fehlte eigentlich nur noch der bekannte Zusatz „tot oder lebendig". Seine Sekretärin erweiterte seinen Kreativfundus dadurch, dass sie einige Headhunter ansprach und ihnen die Gelegenheit bot, auf Erfolgsbasis einen Kandidaten zu suchen.

Nicht wenige ließen sich auf diese Art der Honorierung ein, da vermutlich ihr Fokus weniger auf der Beratung als auf der Verkaufsseite lag – doch dazu später mehr. Und kurz danach kam es so, wie es kommen musste. Kandidaten wurden von mehreren Headhuntern zeitgleich angesprochen und fühlten sich dadurch nicht nur in einer sehr starken Position, sondern bekamen auch den Eindruck, dass das suchende Unternehmen es „ganz schön nötig" hatte, wenn so viele Personalsuchende eingeschaltet wurden.

Thorben-Hendrik war mit sich und seiner gefühlten Professionalität dennoch höchst zufrieden. Gerne erzählte er deshalb von seiner ausgeklügelten Taktik im Kollegenkreis. Das Schmunzeln einiger Herren verstand er als Hochachtung und Wertschätzung seiner Vorgehensweise. Aber so ist er eben.

Nach ungefähr sechs Wochen konstatierte er – außer ein paar höflichen Antwort-Floskeln der angesprochenen „Personalsucher" – keine wahrnehmbare Resonanz auf seine Bemühungen. Vielleicht war er zu sehr „Guerilla" oder er hatte sich in der Wahl der Waffen gründlich verschätzt. Wie dem auch sei, es wäre hilfreich gewesen, wenn er das Folgende

L. M. Schulz, *Das Geheimnis erfolgreicher Personalbeschaffung*,
DOI 10.1007/978-3-658-02632-5_5, © Springer Fachmedien Wiesbaden 2014

vorher gelesen und erkannt hätte, dass es viele zu berücksichtigende Aspekte im Rahmen der Personalbeschaffung gibt. Einer davon ist die Unterscheidung zwischen der internen und externen Personalrekrutierung.

5.1 Die interne Personalrekrutierung

Die interne Personalbeschaffung konzentriert sich auf die eigenen Mitarbeiter und sucht geeignete Kandidaten im eigenen Unternehmen. Die Basis für das Finden ist in der Regel die innerbetriebliche Stellenausschreibung, wie z. B. das Intranet oder das Schwarze Brett. Eine Verpflichtung für eine interne Stellenausschreibung existiert nur bei Beamten. Innerhalb der Privatwirtschaft gibt es diese nicht. Gemäß Betriebsverfassungsgesetz kann der Personal- bzw. Betriebsrat eine innerbetriebliche Ausschreibung jedoch fordern (auf die weiteren gesetzlich vorgeschriebenen Aspekte interner Ausschreibungen bei Stellenbesetzungen soll hier nicht weiter eingegangen werden). Empfehlungen von Vorgesetzten oder auch Personalentwicklungs-Maßnahmen, die ein Mitarbeiter erfolgreich durchlaufen und abgeschlossen hat, können ebenso eine Informationsquelle darstellen.

Bei dieser Art der Personalbeschaffung bedarf es jedoch nicht selten eines gewissen Fingerspitzengefühls, wenn ein Mitarbeiter in eine andere Abteilung versetzt werden soll; denn welcher Vorgesetzte gibt schon gerne einen guten Mitarbeiter ab. Probleme können sich auch dann ergeben, wenn einer aus einem Kreis Gleichgestellter deren Vorgesetzter werden soll. In diesem Fall sind Neidgefühle der Übergangenen nicht selten – und darauf sollte angemessen reagiert werden.

Weitere Vor- bzw. Nachteile einer Positionsbesetzung aus dem eigenen Mitarbeiterkreis sind in Tab. 5.1 aufgeführt.

Tab. 5.1 Vor- und Nachteile einer internen Personalrekrutierung

Vorteile	Nachteile
Die Mitarbeiter erkennen Entwicklungs- und Aufstiegschancen	Begrenzte Auswahlmöglichkeit
Die Motivation des Arbeitnehmers wird positiv beeinflusst	Betriebsblindheit
Die Einarbeitungszeit ist kürzer	Keine Know-how-Erhöhung durch externes Wissen
Die Bindung des Arbeitnehmers an das Unternehmen wird erhöht	Lediglich eine Verlagerung des qualitativen Personalbedarfs
Die Beschaffung des Arbeitnehmers ist kostengünstig und schnell	Hohe Fortbildungs-/Umschulungskosten
Stellen für nachrückende Arbeitnehmer werden frei	Befürchtungen des Arbeitnehmers abgelehnt zu werden
Das Unternehmen kennt den Arbeitnehmer	Angst des Arbeitnehmers vor negativen Reaktionen des aktuellen Vorgesetzten
	Neidreaktionen der Kollegen

5.2 Die externe Personalrekrutierung

Die Entscheidung für eine externe Personalbeschaffung hängt von mehreren Kriterien ab, wie zum Beispiel der Verfügbarkeit geeigneter Kandidaten am Arbeitsmarkt, dem geforderten Anforderungsprofil, der Bedeutung der zu besetzenden Stelle, dem Budgetrahmen für die externen Aktivitäten, möglichen Beziehungen der Marktteilnehmer untereinander (Abwerbung vom Konkurrenten), der Möglichkeit, an die Öffentlichkeit zu gehen (z. B. wenn die Stelle aktuell noch besetzt ist) und Ähnlichem mehr.

Mögliche Vor- und Nachteile der externen Personalbeschaffung sind in Tab. 5.2 aufgeführt.

Tab. 5.2 Vor- und Nachteile der externen Personalbeschaffung

Vorteile	Nachteile
Auswahlmöglichkeit aus vielen Bewerbern	Demotivation bei internen Interessenten mit Gefahr der erhöhten Fluktuation
Verwertbarkeit von externen Bewerberkenntnissen/-erfahrungen	Zeitaufwendige Bewerberauslese
Keine Betriebsblindheit	Hohe Beschaffungskosten
Neue Impulse	Keine Erfahrungen des Bewerbers mit dem Unternehmen
Keine Verstrickung in frühere Entscheidungen/Handlungen	Unternehmen hat keine Erfahrung mit dem Bewerber
Keine personellen Abhängigkeiten	Höhere Gehaltsforderung als von internen Bewerbern

5.2.1 Die Kommunizierung des Stellenangebots

Im Folgenden gilt es dann festzulegen, auf welchen Wegen man die Zielpersonen glaubt finden zu können. Es werden zwei Varianten der Kontaktaufnahme zu möglichen Kandidaten unterschieden: die indirekte und die direkte Ansprache.

Bei der ersten Alternative gelangt man über den Umweg eines Mediums an die Zielperson, was den Nachteil in sich birgt, dass es zu deutlichen Streuverlusten kommen kann. Bei der direkten Ansprache hingegen ist diese Gefahr nicht gegeben, jedoch bedarf es eines erheblichen Aufwandes, eine Zielperson erst zu finden. Deshalb gibt es für diese Aufgabe auch speziell tätige sogenannte Identer, die nach Vorliegen eines entsprechenden Briefings den möglichen Kandidaten innerhalb definierter Unternehmen finden sollen. Sollte man es auf eigene Faust versuchen, sind die einschlägigen Social-Media-Instrumente, wie z. B. Xing, Facebook o. Ä., sehr hilfreich. Auch ist ein Blick in Google häufig sehr aufschlussreich.

5.2.1.1   Die indirekte Suche

Die gängigen Alternativen im Rahmen der *indirekten Suche* lauten:

a) Stellenanzeigen in Printmedien
b) Stellenbörsen im Internet
c) Hochschul-Jobbörsen
d) Unternehmens-Homepage

zu a) Stellenanzeigen in Printmedien

Hier bieten sich im Einzelnen an:

- Regionale Tageszeitungen
- Überregionale Tageszeitungen
- Überregionale Wochenzeitungen
- Fachzeitschriften

Eine regionale Tageszeitung wird man immer dann einsetzen, wenn es sich um Positionen der unteren bis mittleren Hierarchieebenen handelt, die auch von Personen im geographischen Umkreis des Unternehmens besetzt werden können oder sollen. Ähnliches gilt für überregionale Tageszeitungen, was jedoch im Einzelfall vom Ausbreitungsgebiet des Mediums und dem Einzugsgebiet abhängig ist.

Bei Zielpersonen des mittleren und oberen Managements wird man eine national verbreitete Tageszeitung vorziehen, da solche Personen primäre Leser dieser Medien sind und meist auch eine höhere Mobilität besitzen. Das heißt mit anderen Worten, dass auch hier bei der ersten Einschätzung des Mediums das Verbreitungsgebiet zu berücksichtigen ist.

In einem zweiten Schritt prüft man die sogenannte Kontaktqualität. Man vergleicht damit die Zielgruppenaffinität unter soziodemographischen und psychologischen Kriterien mit den Nutzern des Anzeigenträgers, wobei die letztgenannten Daten und Informationsdetails von dem Verlag bzw. Vertreiber geliefert werden können.

Und letztendlich spielt auch der Preis eine bedeutende Rolle. Hier ist es nicht der absolute Preis, sondern der sogenannte Tausender-Kontakt-Preis (TKP). Er gibt an, wie viel Geld aufgebracht werden muss, um 1000 Personen zu erreichen. Bei der quantitativen Betrachtung wird die Anzahl aller Personen, die mit dem Medium in Kontakt kommen, zur Berechnung herangezogen, wohingegen bei der qualitativen Berechnung nur die Personenanzahl der Zielgruppe (soziodemographisch und psychologisch) berücksichtigt wird. Folglich ist auch der TKP unter qualitativen Kriterien immer höher, da die anvisierte Zielgruppe kleiner ist als die gesamte Leserschaft.

Sollte man darüber hinaus branchen- und/oder fachspezifische Bewerber mit Spezialkenntnissen suchen, kommen in einigen Fällen und bei speziellen Berufen auch die sogenannten Special-Interest-Fachzeitschriften ins Spiel. Hier erhält man eine sehr hohe Treffergenauigkeit in der Zielgruppe.

Die Vor- und Nachteile einer Anzeigenschaltung in Printmedien sind in Tab. 5.3 aufgelistet.

Tab. 5.3 Vor- und Nachteile einer Anzeigenschaltung in Printmedien

Vorteile	Nachteile
Aufgrund der Auflagenhöhe große Streuwirkung	Große Sorgfalt bei der Gestaltung der Stellenanzeige und Auswahl der Medien, damit die geeignete Zielgruppe getroffen wird
Selbstpräsentation/PR des Unternehmens möglich	Intensive Absprache der Anzeigengestalter (Marketing, Agentur, Personalabteilung)
Kann relativ kurzfristig durchgeführt werden	Sehr kostenintensiv
Zielgruppe kann durch die geeignete Zeitung/Zeitschrift optimal angesprochen werden	Bei der ersten Anzeigenschaltung müssen geeignete Bewerber sofort angesprochen werden, da ein häufiges Schalten der Anzeige für die gleiche Stelle dem Image des Unternehmens schaden kann
Verhältnismäßig kurzfristige Rückmeldung der Kandidaten	In der Regel nur ein einmaliger Kontakt mit der Zielgruppe
	Special-Interest-Zeitschriften sind in Unternehmen häufig Umläufer und erreichen u. U. die Zielperson erst verspätet

zu b) Stellenbörsen im Internet

Während in der Vergangenheit Print eine starke Bedeutung als Medium hatte, ist dieses in den letzten Jahren zugunsten des Internets zurückgegangen, wobei vor allem die eigene Unternehmens-Homepage und die Social-Media-Netze zu erwähnen sind.

Hochschulabsolventen mit Berufserfahrung, Spezialisten und vor allem jüngere Menschen mit gehobener bzw. fundierter Ausbildung erreicht man mit dem Internet sehr gut. Hier gibt es die Möglichkeit einer Anzeigenschaltung über die sozialen/beruflichen Netzwerkportale oder bei den einschlägigen Stellenbörsen, wobei es sowohl kostenfreie als auch kostenpflichtige gibt. Es sollte unter anderem darauf geachtet werden, welche Berufsgruppen von welchem Anbieter hauptsächlich angesprochen werden, wie bekannt dieses Jobportal bei den Jobsuchenden ist, wie oft es von diesen angeklickt wird (Cost per Click), wie gut die Betreuung ist und was genau in dem Servicepaket enthalten ist. Insbesondere der letzte Aspekt muss genau betrachtet werden.

So ist es bei einem großen Anbieter zum Beispiel teilweise noch nicht möglich, den Arbeitsort als Region („Süddeutscher Raum" o. Ä.) anzugeben. Man kann nur eine Stadt oder ein Bundesland namentlich erwähnen. Sollten Sie nun in der Situation sein, dass Sie den Ort nicht nennen können bzw. wollen, weil Sie anonym über einen Personalberater schalten und die Stelle noch besetzt ist oder Sie Ihrem Wettbewerber keine diesbezügliche Information öffentlich zukommen lassen wollen, gilt es dieses bei der Auswahl der Stellenbörse zu berücksichtigen. Eine unbefriedigende Alternative ist die Empfehlung eines Anbieters, die Nennung des Einsatzortes zu unterlassen.

Ergänzen sollte man jede Anzeige durch sogenannte „Keywords", auch „Verschlagwor-tung" genannt. Dies bedeutet, dass die Anzeige auch dann bei dem Suchenden erscheint, wenn sich das von ihm eingegebene Wort nicht in der Anzeige befindet oder in der Schreib-weise unterscheidet.

Sie suchen zum Beispiel einen „Produkt-Manager". Nun ist es wichtig, dass man als Anbieter auch dann gefunden wird, wenn der Suchende „Product-Manager", „Produkt-manager" oder „Productmanager" eingibt. Die Suchmaschinen erkennen jedoch (in der Regel) nur die exakt identische Schreibweise.

Darüber hinaus ist es mit diesen Keywords möglich, Randbereiche zu integrieren. So könnte man gegebenenfalls auch „Marketing-Manager" oder „Junior-Produkt-Manager" eingeben. Letzteres für den Fall, dass man jemanden finden möchte, der eine Beförderung sucht.

Weitere Kriterien bei der Auswahl der Internet-Stellenbörse sind die „harten" Fakten. Dies bedeutet zum Beispiel, wie oft die Internet-Börse angeklickt wird, der „Tausender-Kontakt-Preis" (vgl. a) Stellenanzeigen in Printmedien) und die „Such- und Findqualität" einer Jobbörse. Sollte man in mehreren Medien schalten wollen, ist ebenfalls der Grad der Überschneidungen bei der Zielgruppe zu berücksichtigen.

Die Fakten zu den Jobbörsen, das heißt einschlägige Vergleichs- und Bewertungsta-bellen – sowohl unter qualitativen als auch quantitativen Aspekten – zur unterstützenden Entscheidungsfindung, finden sich im Internet.

Zusammengefasst lässt sich sagen, dass man bei dem Einsatz von Internet-Börsen äußerst genau prüfen muss, welche den aktuellen Anforderungen einer Positionsbeset-zung am besten gerecht wird. Selbstverständlich hat die Anzeigenschaltung in Internet-Stellenbörsen ebenso ihre Vor- und Nachteile (s. Tab. 5.4).

Tab. 5.4 Vor- und Nachteile einer Anzeigenschaltung in Internet-Stellenbörsen

Vorteile	Nachteile
Weltweit einsetzbar	Internet-Zugang muss vorhanden sein
Für eine breite Zielgruppe geeignet	Nicht für alle Zielgruppen gleichermaßen geeignet
Wird mittlerweile von einer breiten Interessentenschicht abgerufen	Voraussetzung ist, dass sich die Zielgruppe für das Medium interessiert
Keine Restriktion bzgl. Zeitpunkt der Veröffentlichung (z. B. nur samstags bei Print)	Überprüfung der Aktualität der Präsentation
In der Regel vier Wochen Laufzeit	Es existieren noch keine genauen Anzeigenstandards
Geeignet für viele Hierarchie-ebenen	Zum Teil deutlich unterschiedliche Betreuungs- und Servicegrade der Internet-Börsen
Unternehmen hat die Möglichkeit einer optimalen Selbstpräsentation	
Die Unternehmensdaten können von interessierten Bewerbern zeit- und kostensparend abgerufen werden	

Sowohl für die Stellenanzeigen in Printmedien als auch für die Stellenbörsen im Internet gelten die folgenden Aspekte gemeinsam, weshalb sie an dieser Stelle auch zusammengeführt werden. Der richtige Zeitpunkt für eine Anzeigenschaltung ist von unterschiedlichen Kriterien abhängig. Zum einen zeigt das Verhalten der Stellensucher, dass sie vorwiegend samstags die Annoncen in ihren Zeitungen lesen. Eine Schaltung am Mittwoch wird hingegen kaum wahrgenommen. Somit hat der Erscheinungstag des Mediums eine besondere Bedeutung.

Etwas anders verhält es sich bei den Internet-Stellenbörsen. Diese werden am liebsten montags am Arbeitsplatz angeklickt, was erklärt, warum die meisten E-Mail-Bewerbungen Dienstag bis Donnerstag eingehen.

Bei Fachzeitschriften ist oft festzustellen, dass sie sich innerhalb eines Unternehmens im Umlauf befinden. Somit geschieht es nicht selten, dass ein potenzieller Kandidat erst Wochen nach ihrem Erscheinen eine Anzeige zu Gesicht bekommt. Zumal die Abstände der Erscheinungstermine bei einer Fachzeitschrift deutlich größer sind als bei Tageszeitungen.

Des Weiteren ist auf Kündigungstermine und Kündigungsfristen zu achten. Während Bewerber der unteren bis mittleren Hierarchieebene normalerweise eine Kündigungsfrist von der gesetzlichen bis hin zu drei Monaten zum Quartalsende haben, beträgt diese ab der mittleren Ebene bis zu sechs Monate zum Halbjahr. Eine Sonderstellung haben hier die befristeten Arbeitsverträge der oberen Ebene mit einer Laufzeit von normalerweise zwei bis fünf Jahren.

Auch hier zeigt sich, wie wichtig eine frühzeitige Planung einer Stellenbesetzung ist. Schnell sind von der Entscheidung zur Personalsuche bis zur Arbeitsvertrags-Unterschrift zwei bis drei Monate vergangen – hinzu kommt noch die Kündigungsfrist, die nicht immer zu verkürzen ist.

Spezielle Jahresereignisse sollten bei der Planung der Anzeigentermine nicht vergessen werden. Urlaubszeiten oder Feiertage wie Ostern und Weihnachten beeinflussen das Suchergebnis nicht unerheblich. Eine Schaltung zu diesen Gelegenheiten hat in der Regel geringere Erfolgschancen.

Ebenso sollte man berücksichtigen, dass, besonders im ersten Quartal, Weihnachtsgratifikationen, Boni o. Ä. im Fall einer Kündigung des Kandidaten nicht ausbezahlt werden bzw. sogar an den Arbeitgeber zurückzuzahlen sind, was in einzelnen Fällen nicht unerheblich ist. Eine weitere Berücksichtigung erfährt dieser Aspekt, wenn ein Kandidat mögliche finanzielle Verluste vom neuen Arbeitgeber erstattet haben möchte.

Bei den sogenannten Chiffre-Anzeigen unterscheidet man zwischen offenen und verdeckten. Eine offene Anzeige ist einsetzbar, wenn es keine Gründe gibt, die Stellensuche geheim zu halten, d. h., wenn die Position frei ist und auch hausintern bereits kommuniziert ist. Ebenso hat das Unternehmen bei einer offenen Anzeige die Möglichkeit, sich positiv darzustellen, um sein angestrebtes oder bereits vorhandenes gutes Image zu untermauern.

Anders verhält es sich jedoch, wenn die Umstände gegen eine Dekuvrierung des Auftraggebers sprechen. Dies kann dann der Fall sein, wenn der Wettbewerb neue strategische Ausrichtungen nicht mitbekommen darf, d. h., wenn zum Beispiel ein neuer Bereich implementiert werden soll und hierfür neue Mitarbeiter gesucht werden. Es kann aber auch schlicht und einfach der (unschöne) Fall sein, dass der heutige Stelleninhaber noch nichts von seiner bevorstehenden Kündigung wissen soll.

Bestrebungen jedoch, aus einer Personalsuchanzeige eine Werbeanzeige zu machen, sollte man tunlichst unterlassen. Hierfür sind andere Gelegenheiten, Medien etc. besser geeignet. Graphische und/oder gestalterische Aspekte sollen hier nicht betrachtet werden. Jedoch soll kurz auf einige inhaltliche Erkenntnisse eingegangen werden. Bedauerlicherweise muss man nämlich konstatieren, dass Anzeigen nicht immer gemäß den Erkenntnissen einer wirksamen Kommunikation gestaltet werden. Meistens ist die Motivstruktur der Zielgruppe unbekannt und/oder sie wird nicht berücksichtigt. Emotionale und bedürfnisorientierte Aspekte, die das Interesse des Lesers an einer neuen Herausforderung deutlich steigern könnten, werden deshalb immer noch vernachlässigt. Die Anzeige geht ohne Einbeziehung dieser Aspekte in einem Meer ähnlich lautender Annoncen unter und das Rätselraten, warum sich nur so wenige Kandidaten gemeldet haben, ist dann groß.

▸   **PROFI-TIPP**
    Der Wurm muss dem Fisch schmecken und nicht dem Angler!

Die folgende Auflistung der möglichen Anzeigen-Inhalte soll ein Anhaltspunkt dafür sein, was sich bewährt hat. Ob dies durch Fließtexte oder in Form einer Aufzählung geschieht, ist dabei sekundär – auch wenn dies manchmal kontrovers diskutiert wird.

Aussagen über das Unternehmen:
- Firmenname
- Rechtsform
- Firmenlogo
- Branche
- Standort des Unternehmens
- Unternehmensgröße bzw. Marktbedeutung
- Mitarbeiterzahl
- Führungsstil
- Unternehmensphilosophie
- Unterschiede dieses Unternehmens zu anderen Unternehmen in der Branche – oder generell
- Besonderheiten dieses Unternehmens (Selbstpräsentation!)

Aussagen über die freie Stelle:
- Positionsbezeichnung in Headline (sprechen Sie dabei – wegen des Allgemeinen Gleichbehandlungsgesetzes (AGG) – immer beide Geschlechter an, z. B. Produktmanager (m/w) oder Produktmanager/in)
- Ausschreibungsgrund

- Aufgabenbeschreibung
- Verantwortungsumfang
- Hierarchiestufe
- Eintrittstermin

Aussagen über die Anforderungsmerkmale:
- Berufsbezeichnung
- Vorbildung
- Ausbildung
- Allgemeine Kenntnisse
- Spezielle Kenntnisse
- Fähigkeiten
- Persönliche Eigenschaften
- Berufserfahrung (Achtung: keine Jahreszahlen nennen, wie z. B. „mindestens fünf Jahre", da dies im Sinne des AGG als diskriminierend interpretiert werden könnte)

Aussagen über die Leistungen des Unternehmens:
- Entwicklungsmöglichkeiten
- Ggf. Art der Entlohnung (fix plus variabel)
- Fortbildungsmöglichkeiten
- Wohnungszuschüsse
- Sozialleistungen
- Firmenfahrzeug
- Arbeitszeit
- Umzugs-/Trennungskosten

Aussagen zu allgemeinen Aspekten:
- Adresse (Post oder E-Mail) zur Übersendung der Bewerbungsunterlagen
- Gewünschte Unterlagen wie Lebenslauf, Zeugnisse, Zertifikate etc.
- Kein Lichtbild anfordern (könnte gemäß AGG zu Problemen führen, da das Geschlecht erkennbar ist und somit eine Diskriminierung vermutet werden kann!)
- Persönlicher Ansprechpartner mit Telefonnummer
- Bewerbungsfrist
- Verschwiegenheitszusage

Abgesehen von den obigen Bemerkungen zur Positionsbezeichnung, der Berufserfahrung und dem Lichtbild ist generell bei den Anzeigeninhalten darauf zu achten, dass die gängige Rechtsprechung insbesondere im Sinne des Allgemeinen Gleichbehandlungsgesetzes nicht verletzt wird!

▸ **PROFI-TIPP**
   Die Prüfung der Anzeige durch einen Juristen kann viel Ärger ersparen.

zu c) Hochschul-Jobbörsen

Aktuelle Hochschulabsolventen und solche, die in naher Zukunft ihren Abschluss haben werden, sind hier die Zielpersonen. Diese Veranstaltungen dienen allerdings nicht in erster Linie dazu, eine aktuelle Position zu besetzen, sondern vielmehr, um Kontakte zu zukünftigen Bewerbern und vor allem Berufseinsteigern zu knüpfen. Darüber hinaus ist dies auch mehr unter dem Marketingaspekt zu sehen, da hier ein Unternehmen im Sinne eines Employer Branding tätig werden kann, d. h., es hat die Möglichkeit, den Markenwert des Unternehmens positiv aufzuladen und darzustellen. Die Vor- und Nachteile einer Personalrekrutierung über Hochschul-Jobbörsen sind in Tab. 5.5 aufgeführt.

Tab. 5.5 Vor- und Nachteile einer Personalrekrutierung über Hochschul-Jobbörsen

Vorteile	Nachteile
Man kann die besten/passendsten Hochschulabgänger rekrutieren	Durchführung einer Jobbörse ist aufwendig
Kandidaten sind gut motivierbar, engagiert, ehrgeizig, willig, lernfähig und jung	Gute Kandidaten müssen nachhaltig „umgarnt" werden
Eigener „Nachwuchs" kann herangezogen werden	Kandidaten werden ausgebildet und wechseln dann zu neuem Arbeitgeber
Man erhält Informationen über andere Unternehmen	Nur bedingter Know-how-Zufluss
	Zeit- und kostenintensive Integration in das Unternehmen
	Meist nur Berufsanfänger

zu d) Unternehmens-Homepage

Mittlerweile spielt die eigene Homepage eine bedeutende Rolle im Rahmen der Personalbeschaffung. Hier hat das Unternehmen die Möglichkeit, nicht nur sich selbst ausführlich darzustellen, sondern, ebenso wie bei der Hochschul-Jobbörse, im Rahmen des Employer Branding imagemäßig tätig zu werden. Hierzu muss jedoch ein gewisser Bekanntheitsgrad vorhanden sein, damit das Unternehmen überhaupt gesucht wird.

Der Vorteil einer Stellenausschreibung per Homepage liegt vor allem darin, dass man ein auszufüllendes Bewerbungsformular vorgeben kann, welches im Unternehmen anhand eines Positionsrasters Kandidaten selektiert. Auch bietet ein solches Raster bei Initiativbewerbungen die Möglichkeit, die Arbeit der Personalabteilung sehr zu erleichtern, da potenziell interessante Kandidaten direkt herausgefiltert bzw. per automatisch generierter Absage abgelehnt werden können. Die Vor- und Nachteile der Homepage sind in Tab. 5.6 ersichtlich.

Tab. 5.6 Vor- und Nachteile der Personalrekrutierung über die Unternehmens-Homepage

Vorteile	Nachteile
Kostengünstig, da i. d. R. durch eigene Manpower realisierbar	Das Unternehmen muss erst einmal gefunden werden
Schnell einsetzbar	Auflaufen vieler Initiativbewerbungen
Schnell veränderbar	Kontinuierlicher Pflegebedarf
Gut zu verbinden mit allgemeiner Unternehmensdarstellung	Keine „verdeckte/anonyme" Suche möglich
Kandidat kann bereits vorgefertigte Bewerbungsraster ausfüllen	

5.2.1.2   Die direkte Suche

Im Rahmen der *direkten Kandidatensuche bzw. -ansprache* werden folgende Möglichkeiten unterschieden:

a) Personalberater

b) Soziale Netzwerke

c) Eigene und Mitarbeiter-Netzwerke

d) Agentur für Arbeit

zu a) Personalberater

Der Einsatz dieser Berufsgruppe empfiehlt sich immer dann, wenn Spezialisten bzw. Führungskräfte mit Berufserfahrung gesucht werden. Gleiches trifft für den Fall zu, wenn das Unternehmen nicht offiziell am Markt auftreten kann, wie im obigen Fall beschrieben. Auch das fehlende Wissen über eine optimale Personalsuche oder Zeitengpässe können Anlass für die Einschaltung eines Personalberaters sein.

Über die Thematik wie man sich für den richtigen Personalberater entscheidet, gibt es eine Vielzahl an Veröffentlichungen. Sie soll deshalb hier nicht näher erörtert werden. Die Vor- und Nachteile einer Kandidatensuche über Personalberater sind in Tab. 5.7 aufgeführt.

Tab. 5.7 Vor- und Nachteile einer Kandidatensuche über Personalberater

Vorteile	Nachteile
Exklusive Beratung in allen Belangen der Personalbeschaffung und Personalauswahl	Finden des passenden Personalberaters für die jeweilige Unternehmung
Beratung und Umsetzung aktueller Methoden der Personalrekrutierung und Personalauswahl (Methodenkompetenz)	Einfühlungsvermögen des Beraters in die Unternehmenssituation und -zielsetzung
Einsparung von Zeit und Unternehmens-Ressourcen	Zeitbedarf für Integration des Beraters in den Prozess, d. h. Vertragsgestaltung, Briefing etc.
Bei Anzeigenschaltung/Internet: Expertise im Rahmen der Anzeigengestaltung und Medienwahl	Kostenfaktor
Bei Direct Search: Kenntnisse über potenzielle Kandidaten	
Ausschließlich Präsentation von überprüften und empfohlenen Kandidaten (Shortlist)	
Garantieleistung bei seriösen Beratern	

Eine kleine Nebenbemerkung sei an dieser Stelle in Bezug auf die (Top)-Manager augenzwinkernd erlaubt: Es ist bemerkenswert, wie einige (oder sogar viele?) dieser Gruppe die Anzahl von Anrufen seitens der Headhunter seismographisch für ihre eigene Marktbedeutung interpretieren. Sind erst einmal einige Wochen ohne Anruf vergangen, ist eine deutliche Unruhe dieses Personenkreises festzustellen, die nicht selten darin endet, dass die PR-Abteilung beauftragt wird, wieder einmal einen Artikel über das Unternehmen zu lancieren – natürlich mit Bild und Kommentaren des betroffenen Managers.

zu b) Soziale Netzwerke

Soziale Netzwerke im Internet finden immer mehr Einsatz bei der Kandidatensuche. Sie ermöglichen es, passive Kandidaten zu finden, die potenziell geneigt sind ihren Arbeitgeber zu wechseln, jedoch noch nicht aktiv aufgetreten sind. Durch die Eingabe einer Suchmaske, wie Position, Region, Branchen und Ähnlichem mehr, kann eine gezielte Suche (z. B. bei Xing oder LinkedIn) gestartet werden. Des Weiteren ergibt sich die Möglichkeit, bereits in einem Vorstadium detaillierte Fakten über den Anzusprechenden zu erfahren.

Das Suchen und Finden bei Anbietern wie Facebook oder Google kann bereits im Vorfeld deutlich interessante und aufschlussreiche Informationen zu einem möglichen Kandidaten liefern. Eine sorgfältige Prüfung ist hierbei jedoch äußerst wichtig. Schnell können durch Namensgleichheit Verwechslungen passieren, die eine falsche Erkenntnis zur Folge haben können. Zweifelsfrei sind bei der Verwertung dieser Informationen auch datumsrelevante Aspekte zu berücksichtigen. Die Vor- und Nachteile einer Kandidatensuche über soziale Netzwerke sehen Sie in Tab. 5.8.

Tab. 5.8 Vor- und Nachteile einer Kandidatensuche über soziale Netzwerke

Vorteile	Nachteile
Kostengünstig	Zeitaufwendige Sichtung der Einzelprofile
Sehr schnelle Ansprache	Zum Teil gewöhnungsbedürftiges Bearbeiten der Suchmaske
Vorselektion durch Suchmaske	Vereinzelt längere Reaktionszeiten der Angesprochenen
Direkte und aufwandsgeringe „Eins-zu-eins-Ansprache" der selektierten Kandidaten	
Auffinden passiver Kandidaten	
Umfangreiche Datenbank	
Detaillierte Informationen bereits im Vorfeld	
Für internationale Suche einsetzbar	

zu c) Eigene und Mitarbeiter-Netzwerke

„Mund-zu-Mund"-Propaganda in die Richtung eines Zielkandidaten, von dem man z. B. etwas gehört oder gelesen hat, ist ebenfalls eine beliebte Methode. Diese beruht aber mehr auf dem Prinzip Hoffnung, als dass man dadurch zielorientiert und strukturiert zum Ziel kommt. Auch diese Methode hat ihre Vor- und Nachteile (s. Tab. 5.9).

Tab. 5.9 Vor- und Nachteile einer Kandidatensuche über eigene und Mitarbeiter-Netzwerke

Vorteile	Nachteile
Kostenfrei	Mögliche Vetternwirtschaft und Entstehung von Gerüchten
Sehr schnell	Ansprache eines begrenzten Kreises
„Vorfilter" durch den Empfehler, der den Empfohlenen kennt	Präjudizierung durch den Empfehler
Unbürokratische Suche	

zu d) Agentur für Arbeit

Diese kostenfreie Institution kommt vor allem bei regionsorientierten Bewerbern infrage, die sich auf der Sachbearbeiter- bzw. Sekretariatsebene befinden. Mit Einschränkungen kann man jedoch auch fündig werden, wenn man Kandidaten mit Hochschulabschluss sucht. Die Qualität des Services der Agentur für Arbeit ist jedoch stark von der Betreuerkraft abhängig. Die Vor- und Nachteile sind in Tab. 5.10 aufgeführt.

Tab. 5.10 Vor- und Nachteile einer Kandidatensuche über die Agentur für Arbeit

Vorteile	Nachteile
Kostenfrei	Ergebnis i. d. R. abhängig von Motivation des Sachbearbeiters der Agentur für Arbeit
Große Datenbank	Unter Umständen Bewerber, die nur „einen Stempel" brauchen
Kaum eigener Zeitaufwand	Selten passende Kandidaten
Zum Teil finanzielle Unterstützung bei Einstellung	Häufig Langzeitarbeitslose

Die Bewerberanalyse

Vor Thorben-Hendrik lag, nachdem er sich in der einschlägigen Literatur Rat geholt und eine eigene Anzeige geschaltet hatte, eine akzeptable Anzahl von Bewerbungen – eingegangen per Post und per E-Mail. Er war schon etwas stolz auf seine Leistung. Immerhin war er ja kein Profi. Vielmehr hatte er die Kosten im Auge. Also prüfte er die Unterlagen und legte sie dann – wie er es gelesen hatte – auf drei unterschiedliche Stapel. A für „sehr gut", B für „na ja" und C für „ablehnen".

Mit den Bewerbungsunterlagen seiner vier A-Kandidaten kam er dann am Wochenende zu mir, um meine Meinung zu hören. „Auf den ersten Blick nicht schlecht", sagte ich ihm, obwohl ich nicht wusste, welchen Kandidaten er suchte und brauchte. Also fokussierte ich mich ausschließlich auf die Beurteilung der Unterlagen.

Bei der ersten Mappe sah man sofort, dass sie bereits in mehreren Unternehmen gelegen hatte. Nicht nur dass sie verbeult und geknickt war, auch das Bild wies bereits mehrere Spuren einer öfter angehefteten Büroklammer auf. Kurzum: wenig Enthusiasmus. Interessant waren ebenfalls die beigefügten Zeugnisse. Auch wenn immer wieder einmal behauptet wird, dass man sich die Zeit für das Lesen von Zeugnissen sparen kann, so wird verkannt, dass sie häufig eine deutliche Aussagekraft besitzen. So war bei einem Zeugnis als Austrittsdatum der 14.2. vermerkt. Etwas ungewöhnlich für jemanden, der seinen Arbeitgeber ordnungsgemäß verlässt. Bei einem weiteren hatte nur der HR-Director/Personalleiter unterschrieben, nicht jedoch der disziplinarische Vorgesetzte. Da sollten doch schon einige Warnlampen angehen.

Die zweite Bewerbung machte hingegen, rein formal, einen sehr guten Eindruck. Eine neue Mappe, ein aussagefähiges Anschreiben und ein klar gegliederter Lebenslauf. Dann aber kam das dicke Ende – im wahrsten Sinne: 36 Seiten, der Kandidat hatte alles fein säuberlich dokumentiert, was er in seinen 20 Berufsjahren je gelernt hatte. Vom detaillierten Abiturzeugnis über eintägige Weiterbildungsmaßnahmen bis hin zu den Jahresbeurteilungen der ehemaligen Arbeitgeber war alles vorhanden. Da fragt man sich schnell, wie so eine Person jemals in ihren Tätigkeiten auf den Punkt kommen wird. Dieses steht in keinerlei

L. M. Schulz, *Das Geheimnis erfolgreicher Personalbeschaffung*,
DOI 10.1007/978-3-658-02632-5_6, © Springer Fachmedien Wiesbaden 2014

Widerspruch zu der Tatsache, dass es Positionen gibt, die ein besonders exaktes Arbeiten verlangen.

Der dritte A-Kandidat hatte seine Bewerbung per E-Mail geschickt. Das mitgelieferte Foto zeigte ihn an einem Strand mit seiner Frau und den drei Kindern. Thorben-Hendrik beeindruckte dies, da er es als unkonventionell und ehrlich interpretierte. Auch seine Hobbys wie Truppführer der freiwilligen Feuerwehr, Schatzmeister eines Fußballvereines, dessen Trainer er ebenfalls ist, sowie sein Bekenntnis zu seiner ambitionierten Anglerleidenschaft brachten meinen Bekannten nicht ins Grübeln. Meine Frage, ob der Kandidat vielleicht mehr an seiner Freizeit orientiert sei und weniger an seiner Arbeit, blieb unbeantwortet. Die Unterlagen des vierten Kandidaten waren hingegen vorbildlich, sodass Thorben-Hendrik wenigstens noch eine Hoffnung blieb. Doch wieder zurück zur richtigen und bewährten Vorgehensweise.

Diese Begebenheit zeigt die mittlerweile etablierten Bewerbungsmethoden, und zwar die elektronische, d. h. per E-Mail oder über eine vorgegebene Bewerbungsmaske des Unternehmens einerseits, und die postalische andererseits. Das sich die erste Methode mehr und mehr durchgesetzt hat, liegt vor allem an der Masse der Bewerbungen, die ein (Groß-) Unternehmen heutzutage erhält. So ist die administrative Bearbeitung, wie z. B. die automatische Eingangsbestätigung, eine deutliche Arbeitserleichterung. Eine vorgegebene Bewerbungsmaske ist darüber hinaus hervorragend geeignet, vorgegebene Briefing-Kriterien automatisch zu prüfen und eine Vorselektion durchzuführen. Solch ein Grobfilter hat jedoch auch den Nachteil, dass an den „Briefing-Randbereichen" ein klarer Schnitt durchgeführt wird, was den einen oder anderen interessanten Kandidaten damit unberücksichtigt lässt.

Auch muss angemerkt werden, dass sehr häufig die Gestaltung und vor allem Handhabung dieser Masken überarbeitungsbedürftig sind, da sie nicht selten einen Bewerbungs-Verhinderungscharakter haben, anstatt zu einer Bewerbung zu animieren. In manchen Fällen dürfte die Verarbeitung der abgefragten Kriterien unter dem Gesichtspunkt des Allgemeinen Gleichbehandlungsgesetzes (AGG) einige legale Fragen aufwerfen – aber das ist hier nicht das Thema. Da Großunternehmen jedoch eine Vielzahl von Bewerbungen zu sichten haben, werden solche Begleiterscheinungen in Kauf genommen. Ein mittelständisches Unternehmen, dessen Kandidatenanzahl sich im überschaubaren Rahmen hält, sollte auf eine postalische Bewerbung bestehen. Dabei können in einem ersten Schritt – im Gegensatz zur E-Mail-Bewerbung – schon interessante Aspekte festgestellt werden:

- Benutzte der Bewerber einen Freistempler seines heutigen Unternehmens?
- Wurden die Unterlagen bereits öfter benutzt?
- Wie ist die Aufmachung der Unterlagen?
- Zeigen die Unterlagen einen eigenen Stil oder benutzt der Verfasser eine vorgefertigte Mappe?

Massenbewerbungen per E-Mail sind heute in ihrer Erstellung ein Leichtes – bei einer postalischen Bewerbung ist der Aufwand für den Kandidaten schon größer. Es zeigt sich letztendlich, dass beide Bewerbungsmethoden ihre Vorteile, aber auch Nachteile aufweisen. Sie hängen nicht nur von der Größe eines Unternehmens, dessen Automatisierungsgrad in der Personalabteilung und der Anzahl der erwarteten Bewerbungen ab. Ebenso ist zu berücksichtigen, ob Initiativbewerbungen gewünscht sind oder ob sich die Kandidaten nur auf konkrete Stellenausschreibungen bewerben sollen.

Grundsätzlich soll an dieser Stelle erwähnt werden, dass es viele Unternehmen unterschätzen, wie wichtig ein respektvoller Umgang mit den Kandidaten ist. Das gesamte Prozedere im Rahmen einer Bewerbung ist eine einmalige Chance, etwas für das positive Image des Unternehmens zu tun.

Oft genug kommt es vor, dass Kandidaten nur dann respektvoll behandelt werden, wenn sie als potenzielle Stellenbesetzer infrage kommen. Alle anderen sind lediglich Störfaktoren, die nur Arbeit machen. Falsch! Jeder einzelne Bewerber ist ein Kommunikationsmultiplikator, der seine Erfahrungen im Umgang mit dem Unternehmen unter Umständen bei nächster Gelegenheit im Freundes- und Bekanntenkreis mitteilt und weitergibt.

Letztendlich haben Untersuchungen gezeigt, dass sich eine schlechte Botschaft neunmal schneller ausbreitet als eine gute. Also nutzen Sie die Chance, v. a. im Sinne eines sogenannten Eins-zu-eins-Marketings!

Es empfiehlt sich deshalb, den Kandidaten eine kurze Eingangsbestätigung zu schicken. Diese könnte wie im folgenden Beispiel aussehen.

> **Beispiel**
> Sehr geehrter …,
>
> wir danken Ihnen für die Übersendung Ihrer Bewerbung und das entgegengebrachte Vertrauen. Da die Prüfung aller eingehenden Kandidaten-Unterlagen einige Tage in Anspruch nimmt, bitten wir Sie um etwas Geduld. Wir danken für Ihr Verständnis.
>
> Mit freundlichen Grüßen

Nachdem man nun die Unterlagen auf dem Schreibtisch bzw. im E-Mail-Postkorb liegen hat, geht es darum, eine bestmögliche, dabei aber auch schnelle Bewertung vorzunehmen, wobei auf eine Gleichbehandlung von externen und internen Kandidaten zu achten ist. Idealerweise separiert man in drei unterschiedliche Klassen: „sehr interessant", „könnte passen" und „kommt nicht infrage" oder kurz in A-, B- und C-Stapel. Auf jeden Fall gilt es, die Bewerbung Schwerbehinderter besonders zu berücksichtigen, da hier für den Arbeitgeber spezielle Informationsverpflichtungen bestehen[1].

Diese Vorauswahl wird nach „Schema F" durchgeführt. In der Regel geschieht dies dadurch, dass zuerst das Bild angesehen wird. Hier entstehen – menschlich vollkommen nachvollziehbar – bereits erste Sympathie- bzw. Antipathie-Urteile. Dann folgt ein kur-

---

[1] Die jeweils gültige Rechtsprechung sollte in diesen Fällen überprüft werden!

zer Querblick auf den Lebenslauf und danach ein schneller auf das Anschreiben, wobei die Reihenfolge der Aktivitäten beliebig, aber inhaltlich meist identisch ist.

Ich möchte aus langjähriger Erfahrung dringend empfehlen, das Bild erst ganz zum Schluss anzusehen. Man sollte es am besten einfach verdecken. Oft genug ist ein sympathisch aussehender/wirkender Mensch eingeladen worden, obwohl die Unterlagen mehr als grenzwertig waren. Umgekehrt wurden auch Kandidaten abgelehnt, weil genau dieser Eindruck (aufgrund des persönlichen Geschmacks) nicht entstand.

Den Eintrag bezüglich des Fotos in der Checkliste für den Lebenslauf sollten Sie deshalb erst nach Durchsicht der Gesamtunterlagen vornehmen.

Generell ist also eine „Quick-and-dirty-Vorgehensweise" vollkommen richtig. Man kann schnell die Spreu vom Weizen trennen und sich einen ersten Überblick verschaffen. So erhält man auch durch die Bewerbungen eine Rückmeldung, ob man die Zielgruppe erreicht hat oder ob schlimmstenfalls durch missverständliche Formulierungen in der Anzeige die falschen Personen angesprochen wurden. Hier müssten bei einer wiederholten Schaltung die entsprechenden Erkenntnisse einfließen.

Interessant, aber oft nervig sind jene Kandidaten, die sich sehr mutig auf fast alles bewerben, selbst wenn sie keine entsprechende Qualifikation aufweisen können, nach dem Motto: „… na ja, vielleicht klappt es ja trotzdem". Denken Sie jedoch auch bei diesen Bewerbern daran, dass sie ein Multiplikator für Ihr Unternehmensimage sein können.

Bei den A-und B-Klassifizierungen analysiert man im Weiteren die Unterlagen genauer. Hierzu helfen die folgenden Checklisten. Sie sollen die Möglichkeit geben, im Nachhinein oder auch Tage später die Inhalte nochmals im Schnell-Überblick zu rekapitulieren, die Bewerbungen gegeneinander zu vergleichen, und sicherstellen, dass kein Aspekt einer Bewerbung vergessen wird.

Es haben sich drei Checklisten bewährt, nämlich für:

- das Anschreiben,
- den Lebenslauf,
- die Zeugnisse.

▶   **PROFI-TIPP**
     Denken Sie immer daran, dass sowohl das Anschreiben als auch der Lebenslauf bis zu diesem Zeitpunkt die einzigen Möglichkeiten des Bewerbers sind, sich darzustellen – es sei denn, er hatte bereits vorab einen telefonischen Kontakt, da ein Ansprechpartner genannt wurde oder er eigeninitiativ recherchierte. Hat er diese Chance genutzt?

6.1 Checkliste für das Anschreiben

Die Tab. 6.1 stellt eine Checkliste für das Anschreiben dar.

Tab. 6.1 Checkliste für das Anschreiben

Checkliste für das Anschreiben	Ja	Nein	Bemerkung
Vollständigkeit			
Adresse	☐	☐	_____
Datum	☐	☐	_____
Unterschrift	☐	☐	_____
Bezug (auf Anzeige, Anruf etc.)	☐	☐	_____
Fehlerfrei			
Orthographie	☐	☐	_____
Kommata	☐	☐	_____
Formulierungen			
Persönliche Anrede	☐	☐	_____
Präzise, deutlich	☐	☐	_____
Inhalt			
Logisch	☐	☐	_____
Informativ	☐	☐	_____
Berufliche Entwicklung	☐	☐	_____
Soziale/fachliche Kompetenzen	☐	☐	_____
Ergänzendes			
Aktuelle Gehaltsangabe	☐	☐	_____
Ziel-Gehalt	☐	☐	_____
Kündigungsfrist	☐	☐	_____
Frühester Eintritt	☐	☐	_____
Bestehender Arbeitsvertrag	☐	☐	_____
Ohne Arbeitsvertrag/Freigestellt	☐	☐	_____
Mobil/regionale Veränderungsmgl.	☐	☐	_____
Angabe des Wechselgrundes	☐	☐	_____
Sonstiges	☐	☐	_____

Quelle: eigene Darstellung

Die beiden nachfolgenden Anschreiben (s. Abb. 6.1 und 6.2) sind tatsächlich so geschrieben worden und sollen die Möglichkeit geben, die Checkliste (s. Tab. 6.1) abzuarbeiten und zu prüfen, inwieweit diese Anschreiben den Anforderungen genügen.

Bewerbung als Teamsekretärin

Sehr geehrter Herr Schulze,

mir ist Ihr Stellenangebot bei der Arbeitsagentur aufgefallen und möchte mich hiermit um eine Teilzeitstelle als Teamsekretärin bewerben.

Durch die vorangegangenen Beschäftigungsverhältnisse im Büro- und Verwaltungsbereich bin ich mit allen anfallenden Arbeiten vertraut. Ich verfüge sowohl über PC-Kenntnisse, Kassenführung, und vorbereitende Buchführung sowie kenne ich die Abläufe des Mahnwesens.

Trotz der Kinder fehlt es mir nicht an Flexibilität um wieder in den Beruf zurückzukehren zu können. Ich bin mir sicher, dass ich nichts verlernt habe, aber neues dazu lernen kann.

Sie werden mich als engagierte, belastbare und dennoch freundliche Mitarbeiterin kennen lernen, die sich schnell in die ihr gestellten Aufgaben einarbeiten kann, und diese gewissenhaft erledigen wird.

Über eine Einladung zu einem persönlichen Vorstellungsgespräch würde ich mich sehr freuen.

Mit freundlichen Grüssen

Abb. 6.1 Anschreiben Teamsekretärin

Ihre Stellenanzeige in der F.A.Z. vom 4. Dezember

Sehr geehrte Damen und Herren,

in der Wochenendausgabe der F.A.Z. fiel mir Ihre Stellenanzeige auf und weckte meine besondere **Aufmerksamkeit**. Aus diesem Grunde würde ich mich gerne als **Product Manager** in dem Unternehmen vorstellen, welches Sie beauftragte.

Seit sieben Jahren bin ich erfolgreich bei der Firma XXX tätig und zurzeit als Produktmanager im Bereich Wohnen eingesetzt. Wie Sie aus meinem Lebenslauf entnehmen können, verfüge ich über eine solide kaufmännische Ausbildung, ein betriebswirtschaftliches Studium, einige Jahre Berufserfahrung und erfülle seit 4 Jahren Führungsaufgaben. Derzeit trage ich die volle Einkaufsverantwortung im Bereich Regal sowie Büro- und Mitnahmemöbel. Das Sourcing erstreckt sich weltweit mit einem Einkaufvolumen von insgesamt 100 Mio. Euro.

Als Person bin ich verantwortungsbewusst, intellektuell beweglich und haben den Willen zum Erfolg. Meine Stärken liegen ganz besonders in der Teamarbeit. Darüber hinaus verfüge ich über organisatorisches Können und bin in der Lage, meine Arbeit vor Gruppen überzeugend zu präsentieren, falls notwendig auch in englischer Sprache! Nicht zuletzt besitze ich Durchsetzungsvermögen, bin sozial gewandt sowie kontaktfreudig.

Ist auch Ihr **Interesse** geweckt?

Dann würde ich mich freuen, wenn wir unsere Vorstellungen einer erfolgreichen Zusammenarbeit in einem persönlichen Gespräch vergleichen können.

Mit freundlichem Gruß

Abb. 6.2 Anschreiben Product Manager

6.2   Checkliste für den Lebenslauf

Tabelle 6.2 stellt eine Checkliste für den Lebenslauf dar.

Tab. 6.2 Checkliste für den Lebenslauf

Checkliste für den Lebenslauf	Ja	Nein	Bemerkung
Allgemeiner Eindruck			
Adäquates Foto	☐	☐	_____
Interessante „Aufmachung"	☐	☐	_____
Leicht verständliche Darstellung	☐	☐	_____
Chronologie			
Lückenlos	☐	☐	_____
Akzeptable Verweildauer bei Arbeitgebern	☐	☐	_____
Angabe der eigenen Beschäftigungs-Dauer identisch mit Arbeitgeberangabe	☐	☐	_____
Inhalt			
Akzeptable Ausbildungsdauer	☐	☐	_____
Akzeptable Studiendauer	☐	☐	_____
Aufsteigende Karriereentwicklung	☐	☐	_____
Keine „Schleifen oder Sprünge"	☐	☐	_____
Ausführliche Kompetenz- und Erfahrungsbeschreibung	☐	☐	_____
Ausführliche Tätigkeitsbeschreibung	☐	☐	_____
Übereinstimmung Erfahrung/Briefing			
Inhaltlich – quantitativ	☐	☐	_____
Inhaltlich – qualitativ	☐	☐	_____
Zeitliche Verweildauer	☐	☐	_____
Sonstiges	☐	☐	_____

Quelle: eigene Darstellung

Aus datenschutzrechtlichen Gründen kann bei der Prüfung des Lebenslaufes kein echtes Beispiel benutzt werden. Ich empfehle deshalb, den eigenen CV auf diese Kriterien hin zu prüfen.

6.3   Checkliste für das Zeugnis

Die dritte Checkliste (s. Tab. 6.3) ist wohl die, über die am meisten diskutiert wird und die immer wieder im Fokus steht – es geht um das Zeugnis[2]. Prinzipiell werden vier Zeugnis-arten unterschieden:

---

[2] Bitte prüfen Sie die aktuelle gesetzliche Situation. Für die Richtigkeit der zitierten Gesetze wird keine Haftung übernommen.

a) Einfaches Zeugnis

Die Rechtsgrundlage beruht auf dem § 630 BGB bzw. § 73 HGB (bei kaufmännischen und sonstigen Angestellten), dem § 630 BGB und § 113 GewO (bei gewerblichen Mitarbeitern) bzw. § 8 BBiG (bei Auszubildenden). Prinzipiell enthält es nur einen Nachweis über die Art und Dauer der Tätigkeit.

b) Qualifiziertes Zeugnis

Es wird nur auf Verlangen erstellt, hat sich aber in der Praxis als Standard eingebürgert. Voraussetzung für den Zeugnisanspruch nach § 630 BGB bzw. § 109 Abs. 1 GewO ist ein dauerndes Arbeitsverhältnis. Es enthält primär:
- Angaben über Person, Eintritts- und Austrittsdatum
- Angaben über Laufbahn, persönliche Entwicklung
- Beschreibung des/der Aufgabengebiete
- Darstellung von Sonderaufgaben
- Kenntnisse und Erfahrungen
- Leistungsbeurteilung (Stärken, Fähigkeiten, Erfolge)
- Beurteilung der Fortbildungsinitiative
- Beurteilung der Loyalität, der Vertrauenswürdigkeit und des Sozialverhaltens

c) Zwischenzeugnis

Dieses wird in der Regel bei Vorgesetztenwechsel oder Versetzungen innerhalb des Unternehmens ausgestellt und kann auch ausgestellt werden, wenn es tarif- oder arbeitsvertraglich vereinbart wurde.

d) Vorläufiges Zeugnis

Ist der Austrittstermin eines Mitarbeiters bekannt, so kann er ein vorläufiges Zeugnis erhalten.

Ob es nun in den Zeugnissen – egal welcher Art – Geheimcodes zu entdecken gilt oder ob im Rahmen von Arbeitsgerichtsprozessen trefflich über Detailformulierungen gestritten wird: Zeugnisformulierungen sind ein breites Analyse- und Minenfeld. Manchmal wird dabei sogar die deutsche Sprache deutlich verbogen. So heißt es dann manchmal „... zu unserer vollsten Zufriedenheit". Voller als voll gibt es nicht und somit ist der Superlativ bei einem Absolutadjektiv schlichtweg falsch. Ein Zeugnisverfasser, der dieses kennt, wird die (richtige) Formulierung „... zu unserer vollen Zufriedenheit" benutzen. Der Leser, für den diese Grammatik ungebräuchlich ist, interpretiert jedoch eine einschränkende Formulierung.

Kurz gesagt, man sollte sich immer vor Augen halten, wer das Zeugnis verfasst hat (Vorgesetzter, Personalabteilung etc.) und ob vermutet werden kann, dass der Verfasser weiß, wie man ein Zeugnis interpretierbar schreibt.

Insgesamt gibt es sechs Bereiche, die bei einer Zeugnisbeurteilung zu berücksichtigen sind:

- Eingangsformulierungen
- Aufgaben- und Positionsbeschreibung
- Beurteilungen der Leistung (Beurteilungs-Codes s. Abschn. 6.3.1)
- Beurteilungen des Sozial- und Führungsverhaltens (Beurteilungs-Codes s. Abschn. 6.3.2)
- Zusammenfassende Beurteilungen (Beurteilungs-Codes s. Abschn. 6.3.3)
- Abschlussformulierungen (Beurteilungscodes s. Abschn. 6.3.4)
- Allgemeine Aspekte

Tab. 6.3 Checkliste für das Zeugnis

Checkliste für das Zeugnis	Ja	Nein	Bemerkung/Bewertung in Schulnote
Eingangsformulierungen			
Vor- und Familienname (ggf. ehem. Familienname)	☐	☐	_____
Geburtstag	☐	☐	_____
Geburtsort	☐	☐	_____
Akademische Titel	☐	☐	_____
Eintrittsdatum	☐	☐	_____
Austrittsdatum	☐	☐	_____
Tätigkeitsbezeichnung	☐	☐	_____
Aufgaben- und Positionsbeschreibung			
Hierarchische Eingliederung	☐	☐	_____
Beschreibung der/des Aufgabengebiete/s	☐	☐	_____
Erwähnung von Projekten/ Sonderaufgaben	☐	☐	_____
Vollmachten bzgl. Budget	☐	☐	_____
Prokura	☐	☐	_____
Mitarbeiteranzahl und -funktion	☐	☐	_____
Vollständige Angaben über Laufbahn	☐	☐	_____
Beurteilung der Leistung			
Arbeitsbereitschaft und Motivation (z. B. Initiative, Engagement, Fleiß, Zielstrebigkeit, Mehrarbeit, Interesse)	☐	☐	_____
Arbeitsbefähigung und Können (z. B. Urteils- und Denkvermögen, Auffassungsgabe, Ausdauer, Belastbarkeit, Stressstabilität)	☐	☐	_____
Fachwissen und Weiterbildung (z. B. Umfang, Anwendung, Initiative zur Weiterbildung)	☐	☐	_____
Arbeitsstil und Arbeitsweise (z. B. Selbstständigkeit, Zuverlässigkeit, Sorgfalt, Schnelligkeit)	☐	☐	_____

Tab. 6.3 (Fortsetzung)

Checkliste für das Zeugnis	Ja	Nein	Bemerkung/Bewertung in Schulnote
Arbeitsergebnisse (z. B. Qualität, Quantität, Zielerreichung, Verwertbarkeit, besondere Ergebnisse)	☐	☐	_____
Zusammenfassung der Leistung	☐	☐	_____
Beurteilung des Sozialverhaltens			
Verhalten gegenüber Vorgesetzten	☐	☐	_____
Verhalten gegenüber Mitarbeitern (z. B. Informationsverhalten, Führungsverhalten, Vorbildlichkeit)	☐	☐	_____
Verhalten gegenüber Kollegen (z. B. Kommunikationsfähigkeit)	☐	☐	_____
Verhalten gegenüber Externen (z. B. Kontaktfähigkeit, Verhandlungsstärke)	☐	☐	_____
Soziale Kompetenz (z. B. Loyalität, Diskretion, Durchsetzungsvermögen, Teamfähigkeit)	☐	☐	_____
Abschlussformeln			
Kündigungsformel			
Kündigung durch AN („... hat selbst gekündigt ...")	☐	☐	_____
Kündigung durch AG („... verlässt das Unternehmen am .../betriebsbedingt")	☐	☐	_____
Beiderseitig/Aufhebung	☐	☐	_____
Bedauern	☐	☐	_____
Dankesformel	☐	☐	_____
Zukunfts- und Erfolgswünsche	☐	☐	_____
Allgemeine Aspekte			
Logische Entwicklung bei Arbeitgeber	☐	☐	_____
Art des Zeugnisses			
Abschlusszeugnis (einfaches/qualifiziertes)	☐	☐	_____
Zwischenzeugnis	☐	☐	_____
Datum des Zeugnisses	☐	☐	_____
Unterschrift des Zeugnisses (Vorgesetzter und Ranghöherer)	☐	☐	_____
Keine „Zeitsprünge" (Gegenwarts-/ Vergangenheitsform)	☐	☐	_____
Tätigkeiten in chronologischer Reihenfolge	☐	☐	_____
Das Zeugnis ist adäquat zur Tätigkeit			
zeitlich	☐	☐	_____
inhaltlich	☐	☐	_____
umfänglich	☐	☐	_____
Klare Formulierungen	☐	☐	_____
Es gibt keine „Weglassungen"	☐	☐	_____
Alle Angaben sind zeugnisrelevant	☐	☐	_____

Tab. 6.3 (Fortsetzung)

Checkliste für das Zeugnis	Ja	Nein	Bemerkung/Bewertung in Schulnote
Keine Widersprüche	☐	☐	_____
Kein Gefälligkeits-Zeugnis	☐	☐	_____
Zeugnis schließt zeitlich lückenlos an Vorgänger-Zeugnis an	☐	☐	_____
Unterlagen eines Bewertungssystems sind beigefügt	☐	☐	_____
Sonstiges	☐	☐	_____
Gesamtbeurteilung	☐	☐	_____

Quelle: eigene Darstellung

Im Rahmen der Beurteilung der Arbeitsleistung und der Beurteilung des Sozialverhaltens haben sich im Laufe der Zeit Zeugnisformulierungen etabliert, die seitens der ehemaligen Arbeitgeber Auskunft über die Güte dieser Leistung geben sollen (sollten) und sie damit benoten. Da ein Zeugnis gemäß Gesetzgeber den Ansprüchen „wahr und wohlwollend" gerecht werden muss, ist es häufig sehr schwer, ein Zeugnis korrekt zu verfassen bzw. zu interpretieren (bzgl. der gesetzlich zulässigen Formulierungen verweise ich auf die einschlägige Literatur).

Aufgrund dieses Sachverhaltes zeigt sich, wie wichtig es ist, auch Referenzen eines Kandidaten von dessen früheren Arbeitgebern einzuholen – aber dazu später mehr.

Es müssen also Kriterien, d. h. Formulierungen berücksichtigt und interpretiert werden, damit ein Zeugnis so verstanden werden kann, wie es der Verfasser gewollt und gemeint hat, z. B. bei der Beurteilung der Leistung und des Sozialverhaltens. Darüber hinaus gibt es auch die Aspekte der Abschlussformeln, welche einen guten Eindruck vermitteln, wie das Zeugnis zu bewerten ist. Im Folgenden sollen einige Codes in Form von Schulnoten aufgeführt werden. Hierbei werden lediglich einige, aber wichtige Formulierungen aufgeführt.

6.3.1 Beurteilung der Leistung

Wie die Fachkenntnis bewertet wird, sehen Sie in Tab. 6.4.

Tabelle 6.5 zeigt die Bewertung der Eigeninitiative sowie Leistungsbereitschaft.

Die Bewertung der Belastbarkeit und Leistungsfähigkeit ist Tab. 6.6 zu entnehmen.

Die Arbeitsweise kann wie in Tab. 6.7 dargestellt bewertet werden.

Die Bewertung des Arbeitserfolges sehen Sie in Tab. 6.8.

Tab. 6.4 Bewertung der Fachkenntnis

Note	Formulierung
sehr gut	verfügt über fundierte Fachkenntnisse, die er in seinem Aufgabengebiet erfolgreich einsetzte
	verfügt über eine große Berufserfahrung und beherrscht seinen Aufgabenbereich vollkommen sicher
	konnte aufgrund seiner Fachkenntnisse wiederholt mit schwierigen Aufgaben betraut werden, die er selbstständig erfolgreich bearbeitete
	fand sich aufgrund seiner umfassenden Fachkenntnisse auch in neuen Situationen stets sicher zurecht
gut	setzte seine umfassenden Fachkenntnisse erfolgreich ein
	fand sich in neuen Situationen zurecht
	arbeitete sicher und selbstständig
	fand aufgrund seiner fundierten Fachkenntnisse praktikable Lösungen
befriedigend	zeigte gute Fachkenntnisse
	setzte sein Fachwissen erfolgreich ein
	verfügte über das erforderliche Fachwissen
ausreichend	beherrschte sein Aufgabengebiet stets entsprechend den Anforderungen
	hat sich die erforderlichen Grundkenntnisse angeeignet
	beherrschte sein Aufgabengebiet entsprechend den Anforderungen
mangelhaft	hat sich stets sehr fachkundig gezeigt
	hat sich nach und nach Fachkenntnisse angeeignet

Quelle: eigene Darstellung nach Rossitsch 2000

Tab. 6.5 Bewertung der Eigeninitiative/Leistungsbereitschaft

Note	Formulierung
sehr gut	zeigte stets Initiative, großen Fleiß und Eifer
	zeichnete sich stets durch eine vorbildliche Arbeitsauffassung aus
	zeigte stets Eigeninitiative und beeindruckte durch seine große Einsatzbereitschaft
	führte alle Aufgaben mit großer Umsicht, großem Wissen und beachtlichem Engagement aus
gut	identifizierte sich mit seiner Aufgabe und zeigte überdurchschnittliche Einsatzbereitschaft
	arbeitete sich bereits innerhalb kurzer Zeit erfolgreich in sein neues Aufgabengebiet ein
befriedigend	zeigte Einsatzbereitschaft und Eigeninitiative
	zeigte Initiative, Fleiß und Eifer
	hatte eine gute Arbeitsauffassung
	führte seine Aufgaben mit Umsicht und Engagement aus und gab auch eigene Anregungen
ausreichend	zeigte Fleiß und Eifer
	hat den Anforderungen entsprochen
	führte die ihm übertragenen Aufgaben nach Anweisung aus
	war in der Lage, eigene Anregungen zu geben
mangelhaft	hat den Anforderungen im Wesentlichen entsprochen
	arbeitete im Allgemeinen motiviert mit

Quelle: eigene Darstellung nach Rossitsch 2000

Tab. 6.6 Bewertung der Belastbarkeit/Leistungsfähigkeit

Note	Formulierung
sehr gut	besaß eine schnelle Auffassungsgabe und zeigte sich auch in schwierigen Situationen außerordentlich flexibel
	überzeugte dadurch, dass er auch komplizierte Zusammenhänge schnell zutreffend erfasste und sofort richtige Lösungen fand
	löste die ihm übertragenen Aufgaben auch unter schwierigsten Arbeitsbedingungen
gut	hatte eine gute Auffassungsgabe
	erkannte auch in komplizierten Fällen das Wesentliche und fand schnell Lösungen
	war auch starken Arbeitsbelastungen jederzeit gewachsen
befriedigend	zeigte sich bei Einarbeitung in neue Aufgabenbereiche flexibel und aufgeschlossen
	ist gut belastbar
ausreichend	Ausdauer und Belastbarkeit entsprachen den Anforderungen
mangelhaft	Belastbarkeit war gleichbleibend ausreichend
	zeigte sich im Allgemeinen belastbar

Quelle: eigene Darstellung nach Rossitsch 2000

Tab. 6.7 Bewertung der Arbeitsweise

Note	Formulierung
sehr gut	erledigte seine Aufgaben stets mit äußerster Sorgfalt und größter Genauigkeit
	Arbeitsweise genügte stets höchsten Ansprüchen
	arbeitete äußerst pflichtbewusst, stets zuverlässig und mit absoluter Diskretion
gut	erledigte seine Aufgaben stets mit großer Sorgfalt und Genauigkeit
	arbeitete stets zuverlässig und gewissenhaft
	zeigte sich pflichtbewusst und zuverlässig und war stets bereit, in großem Umfang Verantwortung zu übernehmen
befriedigend	erledigte seine Aufgaben stets mit Sorgfalt und Genauigkeit
	zeichnete sich durch eine gute Arbeitsweise aus
	arbeitete gewissenhaft und selbstständig
ausreichend	erledigte seine Aufgaben mit Sorgfalt und Genauigkeit
	erledigte seine Aufgaben korrekt und termingerecht
mangelhaft	erledigte seine Aufgaben im Allgemeinen mit Sorgfalt und Genauigkeit
	war stets um eine sorgfältige Arbeitsweise bemüht

Quelle: eigene Darstellung nach Rossitsch 2000

Tab. 6.8 Bewertung des Arbeitserfolges

Note	Formulierung
sehr gut	fand stets optimale Lösungen, die er kostengünstig in die Praxis umsetzte
	fand auch in schwierigen Situationen optimale Lösungen
gut	Arbeitsqualität lag weit über den Anforderungen
	hat durch seine selbstständige und eigenverantwortliche Arbeit stets gute Arbeitsergebnisse erzielt
	erwies sich als pflichtbewusster und zuverlässiger Mitarbeiter, der seine Aufgaben stets zügig und gut erledigte
befriedigend	Erledigung der Aufgaben entsprach stets den Anforderungen
	Arbeitsqualität war gut
	Qualität seiner Arbeit genügte hohen Ansprüchen
ausreichend	Qualität seiner Arbeit entsprach den Erwartungen
	zeigte im Allgemeinen eine zufriedenstellende Arbeitsqualität
	Qualität seiner Arbeit entsprach im Allgemeinen den Erwartungen

Quelle: eigene Darstellung nach Rossitsch 2000

6.3.2   Beurteilung des Sozial- und Führungsverhaltens

Tabelle 6.9 zeigt die Beurteilung des Sozialverhaltens.

Tab. 6.9   Beurteilung des Sozialverhaltens

Note	Formulierung
sehr gut	Verhalten gegenüber Vorgesetzten und Mitarbeitern war stets vorbildlich
	Verhalten gegenüber Vorgesetzten und Mitarbeitern war immer einwandfrei
	wegen seiner stets verbindlichen und hilfsbereiten Art war er bei seinen Vorgesetzten und Kollegen gleichermaßen geschätzt und beliebt
	hat mit unseren Kunden und Geschäftspartnern stets einen sehr zuvorkommenden und korrekten Umgang gepflegt
	Verhalten gegenüber unseren Kunden und Geschäftspartnern war stets vorbildlich
	wegen seiner freundlichen und zuvorkommenden Art war er bei seinen Vorgesetzten und Kollegen gleichermaßen sehr geschätzt und beliebt
	Verhalten gegenüber Vorgesetzten und Kollegen war vorbildlich
	war sehr hilfsbereit
gut	bewies im Umgang mit Kunden großes Geschick
	Zusammenarbeit mit Vorgesetzten und Mitarbeitern war gut
befriedigend	wegen seiner freundlichen und zuvorkommenden Art war er bei seinen Vorgesetzten und Kollegen gleichermaßen beliebt
	persönliches Verhalten war insgesamt einwandfrei
ausreichend	Zusammenarbeit mit seinen Vorgesetzten und Kollegen war stets befriedigend
	Verhalten gegenüber seinen Kollegen war einwandfrei (Achtung: Vorgesetzte werden nicht erwähnt)
	Verhalten gegenüber unseren Kunden war nicht zu beanstanden
	Zusammenarbeit mit seinen Vorgesetzten und Kollegen war insgesamt zufriedenstellend
mangelhaft	war stets um ein gutes Verhältnis zu seinen Kollegen und Vorgesetzten bemüht

Quelle: eigene Darstellung nach Rossitsch 2000

Tabelle 6.10 zeigt die Beurteilung des Führungsverhaltens.

Tab. 6.10 Beurteilung des Führungsverhaltens

Note	Formulierung
sehr gut	war ein ausgezeichneter Vorgesetzter, der seine Mitarbeiter förderte, informierte und Aufgaben motivierend delegierte
	konnte Mitarbeiter jederzeit motivieren und zu Höchstleistungen anspornen
	kontrollierte konsequent die Zielerreichung
	wurde jederzeit als Vorgesetzter voll anerkannt
gut	wurde jederzeit als sehr geachteter Vorgesetzter gesehen
	förderte seine Mitarbeiter, delegierte gut Aufgaben und Verantwortung und informierte über alles Notwendige
	aktivierte seine Mitarbeiter jederzeit gut
	verstand es zu delegieren
	kontrollierte seine Anweisungen und war als Vorgesetzter anerkannt
befriedigend	wurde als Vorgesetzter geschätzt und setzte sich für seine Mitarbeiter ein, wobei er Aufgaben im normalen Umfang delegierte und die sachlich notwendigen Informationen weitergab
	zeigte Motivationsfähigkeit
	war bereit zu delegieren
ausreichend	war ein Vorgesetzter, der auch Aufgaben delegierte und sich für seine Mitarbeiter interessierte
	arbeitete im Allgemeinen bereitwillig mit anderen zusammen
mangelhaft	war Vorgesetzter
	arbeitete mit anderen zusammen

6.3.3   Zusammenfassende Beurteilung

In Tab. 6.11 sehen Sie die zusammenfassende Beurteilung.

Tab. 6.11   Zusammenfassende Beurteilung

Note	Formulierung
sehr gut	erledigte seine Aufgaben stets zu unserer vollsten Zufriedenheit
	seine Leistungen waren stets sehr gut
	arbeitete stets gewissenhaft und pflichtbewusst und erledigte sämtliche Arbeiten sehr gut
	hat unseren Erwartungen in jeder Hinsicht optimal entsprochen; wir waren mit ihm stets sehr zufrieden
	war äußerst pflichtbewusst, zuverlässig und verschwiegen und erledigte die ihm übertragenen Aufgaben immer zu unserer vollen Zufriedenheit
	seine ausgezeichneten Leistungen haben unseren Ansprüchen jederzeit absolut entsprochen
gut	hat seine Aufgaben stets zu unserer vollen Zufriedenheit erfüllt
	Leistungen war sehr gut
	erledigte seine Aufgaben gewissenhaft und pflichtbewusst und zu unserer vollen Zufriedenheit
	Leistungen fanden stets unsere volle Anerkennung
	waren mit seinen Leistungen immer sehr zufrieden
	hat unseren Erwartungen in jeder Hinsicht bestens entsprochen
	hat die ihm übertragenen Arbeiten zu unserer vollen Zufriedenheit erledigt
befriedigend	waren mit seiner Leistung jederzeit zufrieden
	hat unseren Erwartungen in jeder Hinsicht entsprochen
	erledigte seine Aufgaben stets pflichtbewusst und umsichtig, sodass wir mit seinen Leistungen voll zufrieden waren
	hat die ihm übertragenen Aufgaben zu unserer Zufriedenheit erledigt
ausreichend	waren mit seinen Leistungen zufrieden
	hat zufriedenstellend gearbeitet
	hat unseren Erwartungen entsprochen
	Leistungen haben unseren Anforderungen entsprochen
	hat die ihm übertragenen Arbeiten im Großen und Ganzen zu unserer Zufriedenheit erledigt
mangelhaft	Leistungen entsprachen weitgehend unseren Erwartungen
	erledigte die ihm übertragenen Aufgaben mit der ihm eigenen Sorgfalt und Genauigkeit
	war stets bemüht, unseren Anforderungen gerecht zu werden

Quelle: eigene Darstellung nach Rossitsch 2000

6.3.4   Abschlussformeln

Tabelle 6.12 zeigt die Beurteilung in Bezug auf „Dank und Bedauern".

Tab. 6.12 Dank und Bedauern

Note	Formulierung
sehr gut	bedauern sein Ausscheiden sehr und danken für seine stets sehr guten Leistungen
	danken ihm ausdrücklich für seine stets sehr guten Leistungen und bedauern aufrichtig sein Ausscheiden
	bedauern sein Ausscheiden außerordentlich und danken für sein stets überdurchschnittliches Engagement
	können ihn jederzeit sowohl fachlich als auch persönlich empfehlen
gut	danken ihm für die stets gute Zusammenarbeit und bedauern den Weggang
	wir bedauern den Verlust sehr, da wir mit ihm einen tüchtigen Mitarbeiter verlieren
	bedauern sein Ausscheiden und danken für sein weit überdurchschnittliches Engagement
	können ihn sowohl fachlich als auch persönlich empfehlen
befriedigend	danken ihm für die gute Zusammenarbeit und bedauern den Verlust
	wir bedauern seinen Weggang, da wir einen tüchtigen Mitarbeiter verlieren
	bedauern sein Ausscheiden und danken für sein stetes Engagement
ausreichend	danken ihm für die Zusammenarbeit
	danken ihm bei dieser Gelegenheit
	bedanken uns für die Mitarbeit
mangelhaft	es wird keine Dankes- oder Bedauern-Formel benutzt

Tabelle 6.13 zeigt die Beurteilung in Bezug auf die Zukunftswünsche.

Tab. 6.13 Zukunftswünsche

Note	Formulierung
sehr gut	wünschen ihm auf seinem weiteren Berufs- und Lebensweg alles Gute und weiterhin viel Erfolg
	wünschen ihm sowohl beruflich als auch persönlich alles Gute und weiterhin viel Erfolg
gut	wünschen ihm auf seinem weiteren Berufs- und Lebensweg alles Gute und viel Erfolg
	wünschen ihm sowohl beruflich als auch persönlich alles Gute und viel Erfolg
befriedigend	wünschen ihm auf seinem weiteren Berufs- und Lebensweg alles Gute
	wünschen ihm beruflich und persönlich alles Gute
ausreichend	wünschen ihm alles Gute
mangelhaft	es werden keine Wünsche postuliert

Wie ist wohl das folgende Zeugnis (s. Abb. 6.3) zu bewerten?

ZEUGNIS

Herr Martin Muster, geboren am 19. Juni 1971 in Hamburg, war seit dem 17. August 1997 als Bezirksverkäufer für den Vertrieb Putztuch im Geschäftsbereich Betriebshygiene unseres Unternehmens tätig. Sein Verkaufsgebiet war der Großraum Frankfurt/Main sowie die Städte Mainz und Wiesbaden.

Nach entsprechender Einarbeitung in die organisatorischen Abläufe unserer Verwaltung sowie nach einer Einweisung in die eigentliche Außendienstaufgabe haben wir Herrn Muster die selbständige Bearbeitung seines Verkaufsbezirkes übertragen. Herr Muster war verantwortlich für den Umsatzbestand und die Umsatzausweitung in dem ihm zugewiesenen Bezirk und zuständig für die Pflege bestehender Kundenkontakte und die Gewinnung von potentiellen Kunden für eine Auswahl von Putztüchern verschiedener Qualitäten. Seine Ansprechpartner waren sowohl Verwender und Endverbraucher aus zahlreichen Bereichen als auch der entsprechende Fachgroßhandel.

Herr Muster war ein einsatzfreudiger Mitarbeiter, der die ihm übertragenen Aufgaben mit Fleiß und Eigeninitiative ausführte. Er verfügt über ein verbindliches und zuvorkommendes Auftreten und erfüllte unsere Erwartungen hinsichtlich der Umsatzentwicklung. Sein Verhalten gegenüber Vorgesetzten, Mitarbeitern und Kunden war von Ehrlichkeit und Aufrichtigkeit geprägt und somit einwandfrei. Der guten Ordnung halber bestätigen wir ihm seine Pünktlichkeit. Herr Muster scheidet zum 25. Juni 1998 aus unserem Unternehmen aus. Für seinen weiteren Lebens- und Berufsweg wünschen wir ihm alles Gute.

Abb. 6.3 Zeugnisbeispiel

6.3.5 Die Selbsteinschätzung des Kandidaten

Nachdem Sie nun die Unterlagen der A- und B-Kandidaten gründlich geprüft haben (und sicher den obigen Kandidaten aussortiert haben!), kommen Sie eventuell zu dem Schluss, dass es sich in dem einen oder anderen Fall um einen interessanten Kandidaten handeln könnte. Für die Beurteilung der Soft Skills bedeutet dies, dass man sich einen persönlichen Eindruck im Gespräch verschaffen muss.

Anders verhält es sich mit den Hard Skills. Diese kann man zum Teil bereits aus dem Lebenslauf erkennen. Die Frage ist somit, inwieweit der Bewerber noch über andere, für Sie wichtige Fähigkeiten und Kenntnisse verfügt, die jedoch nicht in den Unterlagen erwähnt sind, und vor allem, wie gut er diese beherrscht.

Es empfiehlt sich deshalb, im Vorfeld eines Interviews die geforderten Kenntnisse und deren Ausprägungsgrad bei den Kandidaten schriftlich abzufragen. Schicken Sie ihm das Briefing-Formular mit den erforderlichen Hard Skills (vgl. Abb. 4.2, 4.3 und 4.4) zu – natürlich ohne den Ausprägungsgrad der Vorgaben! Erklären Sie, wie das Formular auszufüllen ist. Dies kann zum Beispiel durch folgende Anleitung geschehen:

„Bitte geben Sie an, wie Ihre Kenntnisse (Beherrschen, Kennen, Erfahrung) in den einzelnen Bereichen sind:
0 = Keine Kenntnisse vorhanden
1 = Grundkenntnisse
2 = Gute Kenntnisse
3 = Hervorragende Kenntnisse"

Dass der eine Bewerber seine Kenntnisse dabei etwas besser bzw. schlechter als der andere darstellt, muss unterstellt werden, kann aber, wie die Praxis zeigt, weitestgehend vernachlässigt werden. Und ganz gleich wie unterschiedlich die Eigenbewertungen auch sein mögen: Sie zeigen immer wieder deutlich, wo signifikante Stärken, aber auch Kenntnislücken vorhanden sind.

Vergleichen Sie deshalb nach der Rückmeldung die Vorgaben mit den Kandidatenangaben, um eventuelle Abweichungen im Sinne von Über- oder Unterdeckung zu identifizieren (s. Abb. 6.4, 6.5 und 6.6).

Position: Vertriebsleiter/in
Name des Kandidaten: Klaus Test

Vertriebs-Kenntnisse	Wichtigkeit lt. Briefing (0-3)	Kandidaten-Angaben

SOLL =

IST =

Unternehmens-Bereiche

Kaufmännischer Bereich	3	3
Vertrieb	3	3
Marketing	3	3
Einkauf	2	2
Produktion	1	2
Logistik	2	2
Personal	3	3
EDV	2	3
Recht	1	1
Export	2	3
Sonstige		

Branchen-/Business-Bereiche

Nonfood	3	3
Food	1	2
Dienstleistung	2	2
Handel	2	2
Industrie	2	3
B2C	2	2
B2B	2	2
Mittelstands-Erfahrung	3	3
Großunternehmens-Erfahrung	2	2
Internationale Erfahrung	2	2
Sonstige		

Abb. 6.4 Auswertung der Hard Skills Teil I

Position: Vertriebsleiter/in
Name des Kandidaten: Klaus Test

Vertriebs-Kenntnisse	Wichtigkeit lt. Briefing (0-3)	Kandidaten- Angaben

SOLL =
IST =

Vertriebsfunktionen

	Wichtigkeit	Kandidaten
Internationaler Vertrieb	3	3
Nationaler Vertrieb	2	3
Regionaler Vertrieb	3	2
Bezirksvertrieb	2	2
Key Account Management	2	3
Merchandising	1	1
Innendienst	2	3
Direktvertrieb	3	3
Indirekter Vertrieb	2	3
Sonstige		

Spezielle Vertriebskenntnisse

Großhandel	3	3
Einzelhandel	2	2
Channel Management	2	2
CRM	2	2
ECR	2	1
Messen	3	3
Klassisches Marketing	1	2
Handelsmarketing	2	3
Sonstige		

Planung

Vertriebskonzept-Erstellung	3	3
Kundenplanung (inkl. DB, Mengen, Umsatz)	2	3
Neugeschäftsplanung	2	2
Budgetplanung, Forecast	2	3
Vertriebscontrolling	2	2
Budgetverantwortung	2	3
Wettbewerbsanalysen	1	1
Marktanalysen	1	1
Sonstige		

Abb. 6.5 Auswertung der Hard Skills Teil II

Position: Vertriebsleiter/in
Name des Kandidaten: Klaus Test

Vertriebs-Kenntnisse	Wichtigkeit lt. Briefing (0-3)	Kandidaten- Angaben

SOLL =
IST =

Reporting

Erstellen von Monats-, Quartals- und Jahresberichten	0	0
Reporting-Präsentationen	3	1
Entwicklung von Vertriebsinfo.- und Steuerungssystemen	2	1
Pflege von Vertriebsinfo.- und Steuerungssystemen	1	2
Steuerung durch Kennzahlen	1	2
Sonstige		

Führungskenntnisse

Führungs-Instrumente	2	2
Einstellung	0	0
Entlassung	0	0
Fachliche Führung	2	3
Disziplinarische Führung	2	3
Beurteilungsgespräche	2	2
Ausbildung / Qualifikation	2	2
Umgang mit Betriebsrat	0	0
Sonstige		

Sprachen

Englisch	3	3
Französisch	1	0
Sonstige		

Sonstiges

IT-Programme	2	2

Abb. 6.6 Auswertung der Hard Skills Teil III

6.3.6 Die Referenzbefragung

Um noch mehr Informationen zu erhalten, empfiehlt es sich, zur Absicherung in jedem Fall frühere Arbeitgeber zu kontaktieren. Diese müssen sich übrigens als Referenzgeber ebenso wie beim Zeugnis an den Grundsatz von Wahrheit und Wohlwollen halten. Des Weiteren müssen die Vorschriften des Datenschutzgesetzes beachtet werden. So dürfen z. B. persönliche Daten des Arbeitnehmers ohne dessen Erlaubnis nicht weitergegeben werden.

Außerdem ist darauf zu achten, wen man als Referenz kontaktiert. So hätte ein Kontakt zu dem aktuellen Arbeitgeber eines Bewerbers – bei einem ungekündigten Arbeitsverhältnis – vermutlich höchst unangenehme Folgen für diesen. Um bei einer Referenzbefragung generell keinen Fauxpas zu begehen, empfiehlt es sich – auch unter rechtlichen Aspekten –, die Erlaubnis des Bewerbers einzuholen.

Interessant ist dabei, dass es manchen Kandidaten schwerfällt, hier eine Angabe zu machen; zweifelsfrei eine erhellende Beobachtung. Nun werden Sie sagen, dass ein Kandidat sowieso nur die Referenzpersonen nennt, die ihm wohlgesonnen sind. Wie aber die Erfahrung zeigt, täuschen sich Kandidaten hierbei gerne und man erfährt letztendlich viel mehr, als es zu erwarten war.

Die Auskunftsbereitschaft eines ehemaligen Arbeitgebers ist in der Regel durchaus vorhanden, wenn er vom Eindruck überzeugt ist, dass es sich hierbei um ein faires und ehrliches Anliegen handelt. Normalerweise wird Ihr Gesprächspartner in erster Linie davon ausgehen, dass er sich besser bedeckt hält, da er nicht wissen kann, wer sein Gegenüber ist und ob die erfragte Auskunft ihm nicht aus oben genannten Gründen unter Umständen sogar zum Nachteil gereicht.

Melden Sie sich deshalb vorab bei Ihrem Gesprächspartner per E-Mail oder Post mit Ihren Firmendaten, damit dieser die Möglichkeit hat, sich ein Bild Ihres Unternehmens zu machen. Damit können Sie auch gleich einen Termin für ein Telefonat verbinden.

Bauen Sie durch ein offenes Kommunikationsverhalten eine positive Gesprächsatmosphäre auf und zitieren bzw. hinterfragen Sie zum Beispiel Formulierungen des Zeugnisses. Sprechen Sie offen über die für Sie wichtigen und gegebenenfalls kritischen Punkte.

Es ist immer wieder interessant, wie gesprächsbereit sich viele Referenzgeber verhalten. Grund hierfür ist vermutlich nicht nur das oben genannte Herangehen an die Situation, sondern auch der Umstand, dass sich Ihr Gesprächspartner ebenfalls bereits des Öfteren in einer vergleichbaren Situation befand, in der er für eine verlässliche Information dankbar war.

Versuchen Sie besser nicht eine Referenz schriftlich einzuholen, da dies die Auskunftsbereitschaft des Referenzgebers erfahrungsgemäß deutlich reduziert oder sogar unterbindet. Das gesprochene Wort am Telefon oder im persönlichen Austausch ist hier die weitaus bessere und vor allem ehrlichere und damit zielführendere Alternative. Tabelle 6.14 stellt eine hilfreiche Vorlage für die Referenzbefragung dar.

Tab. 6.14 Referenzbefragung

Fragen	Notizen
Zu besetzende Position	
Bewerber	
Referenzgeber	
Position des Referenzgebers	
E-Mail	
Telefonnummer	
Angeschrieben am	
Auskunft eingeholt am	
Sonstiges	
In welcher Beziehung standen Sie hierarchisch zum Bewerber?	
Wie beurteilen Sie ihn in den fachlichen Bereichen (mit Beispielen)?	
Wie beurteilen Sie ihn in den persönlichen/sozialen Bereichen (mit Beispielen)?	
Können Sie etwas über seine .... (für Sie wichtige Aspekte) sagen (mit Beispielen)?	
Wo liegen Ihrer Meinung nach besondere Stärken und Schwächen (mit Beispielen)?	
Gibt es etwas, worauf man besonders achten sollte?	
Was können Sie sonst noch zu einer Beurteilung des Arbeitnehmers erwähnen?	
Zusammenfassende Bewertung	

Legen Sie die Ergebnisse der Befragungen direkt zu den Kandidaten-Unterlagen bzw. den entsprechenden Zeugnissen und lesen Sie diese vor dem persönlichen Interview nochmals durch. Bauen Sie Ihre Erkenntnisse in das Gespräch ein – aber ohne dass der Kandidat erkennen kann, woher die Informationen stammen. Benutzen Sie deshalb die Frageform. Aber dazu später mehr.

Literatur

Rossitsch J (2000) Arbeitszeugnis: Formulierungen. IG Metall. http://www2.igmetall.de/homepages/friedrichshafen/file_uploads/zeugnisb.pdf. Zugegriffen 11.April.2013

Das Interview 7

Nach eingehender Prüfung der Unterlagen und dem Einholen von Referenzen kommt man letztendlich zu einer sogenannten „Shortlist". Dies sind jene Kandidaten, die man zu einem persönlichen Gespräch einladen möchte.

Bevor dies jedoch geschieht, sollte man ein telefonisches Vorab-Interview mit dem potenziellen Kandidaten führen. Hierbei werden nicht nur die offenen Punkte geklärt (häufig Gehalt, Mobilität und Kündigungsfrist), sondern auch erste Eindrücke gesammelt.

Wie verhält sich der Kandidat während des Gespräches, wie kann er sich am Telefon darstellen, wie reagiert er auf Unstimmigkeiten in seinem Lebenslauf und Ähnliches mehr. Wichtig ist es, dass man sich auch auf das Telefonat gut vorbereitet hat, um vertiefende Fragen stellen zu können.

In der Regel kann man sich bereits in dieser Phase des Bewerbungsprozesses ein gutes Bild von dem Kandidaten machen und entscheiden, ob man ihn wirklich einladen sollte. Der Vorteil eines Telefoninterviews liegt zweifelsohne neben den soeben genannten Aspekten auch in der Tatsache, dass man sich auf einen einzigen Informationskanal fokussiert – nämlich das Hören.

Die sogenannten reinen Sympathieaspekte wie Aussehen, Mimik, Gestik, vielleicht auch Geruch (Parfüm) werden vollkommen ausgeblendet und haben keinen Einfluss in dieser Entscheidungsphase.

Im Rahmen der Auswahl haben sich mehrere Möglichkeiten in den letzten Jahren etabliert. Dies reicht vom Assessment-Center mit seinen unterschiedlichen Facetten bis hin zum Einzelinterview. Welches die richtige Methode ist, hängt weitestgehend von der aktuellen Situation ab.

Sollen zum Beispiel mehrere Personen mit ähnlicher oder vergleichbarer Qualifikation gefunden werden (Aufbau eines Callcenters o. ä.), so ist sicherlich das Gruppen-Assessment-Center die richtige Methode, um möglichst schnell vergleichbare Ergebnisse zu erhalten. Auch bei der Vorselektion von Kandidaten ist sie sinnvoll einsetzbar.

Das Einzel-Assessment oder das Einzelgespräch werden primär dann eingesetzt, wenn man dezidiert und deutlich individuell auf den Kandidaten eingehen will. Ein weiterer

L. M. Schulz, *Das Geheimnis erfolgreicher Personalbeschaffung*,
DOI 10.1007/978-3-658-02632-5_7, © Springer Fachmedien Wiesbaden 2014

Grund könnte darin liegen, dass ein sich in einem bestehenden Arbeitsverhältnis befindlicher Bewerber nicht „aus der Deckung heraus kommen kann". Des Weiteren hat sich gezeigt, dass Personen des mittleren und oberen Managements die Teilnahme an einem Gruppen-Assessment verweigern.

Da die Inhalte der Assessment-Center-Methodik mittlerweile bei Bewerbern weitestgehend bekannt sind, besteht hier die Gefahr der Manipulationsmöglichkeit. Auch erhebt sich sowohl in der Literatur als auch in der Praxis immer wieder die Frage, inwieweit die Ergebnisse auf das spätere Arbeitsverhalten eines Probanden zu übertragen sind und somit einen tatsächlichen Prognose-Charakter aufweisen.

Für die letztendliche Einstellungs-Entscheidung ist jedoch das Einzelinterview unumgänglich. Deshalb soll im Folgenden dieses Instrument genauer betrachtet werden.

7.1   Die Interview-Vorbereitung

Die Einladung an die Kandidaten sollte so früh wie möglich erfolgen, um entsprechend disponieren zu können. Auch sollten sie eine Wegbeschreibung erhalten und einen Hinweis auf die Spesenerstattung.

Wenn es möglich ist, einen zweiten Interviewpartner mit einzubeziehen, so sollte man das unbedingt realisieren. Am besten ist es, wenn man einen Partner des anderen Geschlechtes hinzuziehen kann. Denn wie heißt es doch: Was ein Mann sieht, sieht eine Frau nicht und vice versa.

Informieren Sie auch den Interviewpartner frühzeitig und vor allem umfänglich über den Stand des Bewerbungs-Projektes und die inhaltlichen Erkenntnisse, soweit sie vorliegen. Legen Sie vor Gesprächsbeginn fest, wer welche Rolle übernehmen soll. Dies könnte so aussehen, dass der eine die Fragen stellt und durch das Interview leitet, während der andere die Notizen macht. Oder aber der eine stellt die fachlichen Fragen, wohingegen der andere die Fragen der Soft Skills behandelt.

Sollten jedoch mehr als zwei Personen Ihres Hauses an dem Interview teilnehmen wollen, was häufig im Rahmen eines fortgeschrittenen Bewerbungsstadiums der Fall ist, so ist dies eine hervorragende Möglichkeit, den Kandidaten um eine Kurzpräsentation zu bitten, die nicht länger als zehn Minuten dauern sollte. Kontaktieren Sie die Eingeladenen deshalb einige Tage vorher und teilen Sie ihnen mit, dass man das Gespräch mit einer Präsentation beginnen möchte.

Nennen Sie ein Thema, dass von allen Kandidaten behandelt werden kann. Es sollte sich auf die Jobsituation beziehen und so geartet sein, dass die Vorträge verglichen werden können. Allgemeine Präsentationen wie: „Was werde ich die ersten 100 Tage machen" sind dabei jedoch denkbar ungünstig. Gleiches gilt für Themen, die modellcharaktermäßig aus Fachbüchern oder dem Internet abgeschrieben werden können. Besser sind Themenstellungen, die sich auf die zukünftige Aufgabe beziehen.

Geben Sie keine formellen Rahmenbedingungen vor, wie zum Beispiel eine bestimmte Präsentationsform oder Präsentationsmedien. Bereits hier kann es interessant sein, ob der

Kandidat sich nach einer Vorgabe erkundigt oder einfach loslegt, ob er fragt, welche technischen Hilfsmittel zur Verfügung stehen, wie groß der Zuhörerkreis ist und vor allem, wer die Zuhörer und deren Funktionen sind. All das kann bereits ein guter Hinweis auf die Arbeitsmethodik eines Kandidaten sein.

Es hat sich als sehr hilfreich erwiesen, die Kandidaten-Interviews innerhalb eines möglichst kurzen Zeitraumes durchzuführen – idealerweise sogar an einem Tag. Hier ist letztendlich die beste Vergleichbarkeit der Bewerber gegeben, da man noch jedes einzelne Gespräch vor dem geistigen Auge hat und einzelne Aspekte nicht dem (ungewollten) Vergessen anheimfallen.

Ein Ort, an dem das Interview ungestört geführt werden kann, sollte frühzeitig reserviert werden. Gespräche im eigenen Büro sind zu vermeiden, da der Bewerber gegebenenfalls durch vorhandene Schriftstücke eines aktuellen Arbeitsvorganges oder durch persönliche Gegenstände des Interviewers von einer möglichst objektiven Beurteilung abgelenkt werden kann – oder der schlaue Kandidat sich schnell ein Bild von Ihnen machen kann und Sympathiepunkte durch Nebenkampfschauplätze macht, die man, allzu menschlich, nicht immer unterdrücken kann („… ach, ich sehe gerade, Sie spielen auch Golf …").

Ebenso sollte darauf geachtet werden, dass der Kandidat nicht auf der anderen Seite eines Tisches sitzt, da diese Sitzordnung schnell den Eindruck einer Barriere vermittelt. Vielmehr sollte man sich an einen runden Tisch setzen oder über Eck. Auch darf der Kandidat nicht durch Dinge außerhalb des Besprechungsraumes abgelenkt werden, wie z. B. den möglichen Blick durch eine Glastür in den Korridor bzw. in eine Abteilung oder schlimmstenfalls durch die blendende Sonne.

Es sollte alles aus dem Raum entfernt werden, was dort nicht hingehört. Flipcharts der letzten Preiserhöhungsstrategie oder Organisationsänderungen sind immer beliebte Überbleibsel aus vergangenen Meetings, um die sich nach Beendigung keiner mehr kümmert. Kalender eines Lieferanten aus dem Vorjahr sind ebenfalls beliebte Relikte und vermitteln einen wenig professionellen Eindruck des Unternehmens.

Die Bestellung von Getränken sollte ebenso wenig vergessen werden wie das Bereitlegen einer Firmenbroschüre, die speziellen Vereinbarungen des Unternehmens mit seinen Mitarbeitern u. a. m. Diese Empfehlungen mögen für den geübten Interviewer selbstverständlich sein. Demjenigen, der hier keine langjährige Erfahrung aufweist, sei gesagt, dass diese Basis-Aspekte für den reibungslosen Gesprächsverlauf unabdingbar sind. Manchmal werden sie leider vergessen oder übersehen, ohne dass bedacht wird, was dies bedeutet bzw. zur Folge haben kann. Der Interviewer erwartet, dass sich der Kandidat auf das Gespräch bestmöglich vorbereitet hat. Gleiches Recht hat jedoch auch der Kandidat.

Der Hauptpunkt ist jedoch die Vorbereitung des Gesprächsfragebogens. Dabei ist dringend von einem unflexiblen, festen Fragenprozedere abzuraten, da dieses zwar die Möglichkeit einer guten Vergleichbarkeit zwischen den Kandidaten gewährleistet, jedoch schnell einen Verhör-Charakter erhält. Darüber hinaus ermöglicht es nicht das Hinterfragen bzw. Nachhaken, wenn sich hierfür valide Ansatzpunkte ergeben.

Empfehlenswert ist hingegen der halbstandardisierte Typ, der die wichtigsten Themen-kreise anspricht und die Möglichkeit bietet, bei einzelnen Fragen oder sich ergebenden Aspekten noch tiefer einzusteigen.

7.1.1 Der Fragenkatalog

Da im Briefing verschiedene Anforderungen definiert wurden, die unbedingt vorhanden sein müssen, empfiehlt es sich jetzt, diese Kriterien in den Fragebogen zu integrieren. Es wird dabei zwischen den Fragen zu den Hard Skills, dem Umfeld, den Referenzen und den Soft Skills unterschieden. Hieraus ergibt sich automatisch auch der Leitfaden, den der Interviewer während des Gesprächs nie aus den Augen verlieren sollte.

7.1.2 Fragen zu den Hard Skills sowie zum Umfeld bzw. zu den Referenzen

Dieser Aspekt lässt sich in vier Kriterien unterteilen:

1. Aus- und Weiterbildung
2. Werdegang
3. Berufserfahrung
4. Umfeld und Referenzen

Der Tab. 7.1 kann man die passenden Fragen entnehmen und in einen Interview-Leitfaden einbauen. Ergänzend hierzu sollten auch die wichtigsten Aspekte des „Hard-Skills-Briefings" (s. Abb. 4.2, 4.3, 4.4) direkt oder indirekt integriert werden.

Es empfiehlt sich dabei jene Fragen zu benutzen, bei denen der Kandidat nicht sofort den wahren Hintergrund erkennt. Vor allem sollten Suggestivfragen („meinen Sie nicht auch, dass der Deckungsbeitrag wichtiger als der Umsatz ist?") vermieden werden – es sei denn, man will bewusst provozieren.

Tab. 7.1 Fragen für einen Interview-Leitfaden

Kriterium	Fragen
1. Ausbildung/ Weiterbildung	Warum haben Sie sich für diesen Beruf entschieden?
	Warum haben Sie sich für diese Ausbildung/dieses Studium entschieden?
	Würden Sie sich heute wieder für Ihre Ausbildung entscheiden?
	Warum haben Sie die Ausbildung/das Studium abgebrochen?
	Was war das Wichtigste, das Sie während der Ausbildung/des Studiums gelernt haben?
	Warum haben Sie so lange studiert?
	Warum hatten Sie so schlechte Noten in … ?
	Was hat Ihnen an der Ausbildung/dem Studium am besten gefallen?
	Was hat Ihnen an der Ausbildung/dem Studium nicht gefallen?
	Was haben Sie in der letzten Zeit für Ihre Weiterbildung getan?
2. Werdegang	Beschreiben Sie Ihren beruflichen Werdegang. Wo sehen Sie sich beruflich in fünf Jahren?
	Warum haben Sie diesen beruflichen Werdegang gewählt/absolviert?
	Warum haben Sie in Ihrem Lebenslauf eine Lücke?
	Warum haben Sie bei … gekündigt?
	Was haben Sie gemacht, als Sie arbeitslos waren?
	Warum waren Sie so lange arbeitslos?
	Warum haben Sie so oft Ihren Arbeitgeber gewechselt?
	Warum haben Sie sich bei … „in gegenseitigem Einvernehmen" getrennt?
	Was waren die Hintergründe der „betriebsbedingten Kündigung" bei …?
	Inwieweit stimmt Ihre bisherige Karriereentwicklung mit Ihren Fähigkeiten überein?
	Sind oder waren Sie in einen Arbeitsgerichtsprozess involviert?
3. Berufs- erfahrung	Schildern Sie einen typischen Arbeitstag. Welche Aufgaben hatten Sie bei der Firma …?
	Welche Kompetenzen hatten Sie bei Ihrem letzten Arbeitgeber?
	Welche praktischen Fertigkeiten und Kenntnisse haben Sie bei Ihrer letzten Firma erworben?
	Welche Aspekte sind für eine erfolgreiche Tätigkeit in Ihrer gegenwärtigen (letzten) Position entscheidend?
	Was gefällt Ihnen an Ihrer momentanen Stelle?
	Was hat Sie an Ihrer letzten Stelle gestört?
	Welchen Problemen begegnen Sie bei Ihrer Tätigkeit? Welche davon bereiten Ihnen das größte Unbehagen? Warum? Wie gehen Sie damit um? (Bitte nicht in einer Fragebatterie, sondern einzeln stellen.)
	Worin bestand Ihre bedeutendste Leistung in Ihrer gegenwärtigen (letzten) Position und warum?
	Welches war eine bedeutende Veränderung in Ihrem Tätigkeitsbereich und wie sind sie damit umgegangen?

Tab. 7.1 (Fortsetzung)

Kriterium	Fragen
	In welchen Ausschüssen/Komitees waren Sie vertreten? Worin bestand Ihr Beitrag?
	Welche Teilbereiche dieser Tätigkeit wären neu für Sie?
	Welche zusätzlichen Ausbildungen wären Ihrer Ansicht nach erforderlich, damit Sie die Stelle hundertprozentig ausfüllen können?
	Was war Ihr größter Misserfolg?
	Welches war Ihr bisher größter Erfolg?
	Was qualifiziert Sie Ihrer Ansicht nach für diese Position?
	Warum haben Sie sich für diese Position beworben?
	Haben Sie bereits eine ähnliche Position bekleidet?
	Wie stellen Sie sich einen typischen Arbeitstag bei uns vor?
	Welche Qualifikationen sind Ihrer Meinung nach wichtig für diese Aufgabe?
	Sind Sie der Meinung, dass Sie für diesen Job überqualifiziert/unterqualifiziert sind?
	Wie gut sind Ihre Fremdsprachenkenntnisse?
	Haben Sie schon einmal im Ausland gearbeitet?
	Welche Aufgabenbereiche fallen Ihnen am schwersten? Warum?
	Wie viele Überstunden hatten Sie bei Ihrem letzten Arbeitgeber?
Letztes Organigramm des Kandidaten zeichnen:	
4. Umfeld und Referenzen	Welchen Beruf hat Ihre Frau?
	Wie alt sind Ihre Kinder?
	Welche Probleme könnten sich bei einem Umzug ergeben, z. B. mit Frau oder Schule der Kinder?
	Welche Interessen/Hobbys haben Sie?
	Wie und wann erholen Sie sich?
	Nennen Sie mir drei Personen, die eine Referenz über Sie abgeben könnten.
	Bitte nennen Sie mir die Telefonnummer Ihrer Eltern.

Vielleicht überrascht die Frage nach der Telefonnummer der Eltern. Sie hat aber zweifelsfrei ihre Daseinsberechtigung. Sollten Sie nämlich einen guten Kandidaten für zukünftige Stellenbesetzungen nicht aus den Augen verlieren wollen, was z. B. durch Heirat mit entsprechender Namensänderung passieren kann, so finden Sie ihn in der Regel immer über die Eltern.

7.1.3 Fragen zu den Soft Skills

Im Rahmen des Briefings konnten aus dem Katalog der in Tab. 4.4 genannten 36 Soft Skills die entsprechend wichtigen Kriterien bestimmt werden. Nun gilt es, zu diesen die richtigen Fragen aus Tab. 7.2 zu bestimmen. Dabei wählt man jene Fragen aus, deren Beantwortung die beste Möglichkeit gibt, sich ein valides Bild zu verschaffen.

Es ist selbstverständlich, dass manchmal identische Fragen bei unterschiedlichen Themenkomplexen nochmals auftauchen können, da die Fragen so formuliert sind, dass die Antwort sich auf mehrere mögliche Soft Skills bezieht. So liefert die Frage „Wie lösen Sie ein fachübergreifendes Problem?" sowohl bei dem Aspekt der „Teamfähigkeit" als auch bei dem „Vernetzten Denken" eine Antwort.

Tab. 7.2 Fragen zu den Soft Skills

Kriterium	Fragen
1. Lernbereit-schaft	Was haben Sie in letzter Zeit für Ihre Weiterbildung getan?
	Wollen Sie sich in einem speziellen Bereich weiterbilden?
	Auf welchen Gebieten würden Sie sich besonders gerne verbessern? Warum?
	Wie bessern Sie Ihre Fehler aus?
	Was haben Sie aus Ihren Fehlern gelernt?
	Was bedeutet Teamarbeit für Sie?
	Was wissen Sie über unsere Firma?
	Was unternehmen Sie, um Ihre Karriereziele zu verwirklichen?
	Wie sehen Ihre beruflichen Zielvorstellungen aus?
	Welche Literatur lesen Sie?
	Welche Seminare haben Sie im letzten Jahr besucht?
	Welche Hobbys haben Sie?
	Wie gut kennen Sie neue Kommunikationstechniken, wie z. B. Twitter (nachhaken)?
	Schildern Sie eine Situation, in der Sie fachlich überfordert waren. Wie haben Sie sich damals verhalten?
	Was machen Sie in Ihrer Freizeit?
	Wie kann ich erkennen, dass Sie gerne Neues lernen?
	Ständige Veränderungen provozieren ein Chaos. Es ist besser, bei Bewährtem zu bleiben. Was halten Sie von diesen Aussagen?
	Wie reagieren Sie auf unvorhergesehene Änderungen?
	Was würden Sie anders machen, wenn Sie heute noch einmal beginnen könnten?
	Welche Tätigkeiten übten Sie neben Ihrem Studium (Ausbildung) aus?
	Wenn Sie morgen hier anfangen würden, was wäre für Sie in den ersten drei Monaten besonders wichtig?
	Was haben Sie getan, um die anderen Abteilungen Ihres Arbeitgebers (oder Kunden) besser kennenzulernen?
2. Initiative	Warum wollen Sie Ihre Stelle wechseln?
	Was interessiert Sie bei dieser Position am meisten?
	Was bedeutet für Sie selbstständiges Arbeiten?
	Wie haben Sie bei Ihrem letzten Arbeitgeber Prioritäten gesetzt?
	Wie haben Sie bei Ihrem letzten Arbeitgeber Entscheidungen getroffen?
	Wie sind Sie mit einer bedeutenden Veränderung bei Ihrem letzten Arbeitgeber umgegangen?
	Auf welchen Gebieten würden Sie sich besonders gerne verbessern? Warum?
	Wie bessern Sie Ihre Fehler aus?
	Was wissen Sie über unsere Firma?
	Wie wollen Sie zum Erfolg unserer Firma beitragen?
	Wie sehen Ihre beruflichen Zielvorstellungen aus?

Tab. 7.2 (Fortsetzung)

Kriterium	Fragen
2. Initiative	Was unternehmen Sie, um Ihre Karriereziele zu verwirklichen?
	Wollen Sie sich in einem speziellen Bereich weiterbilden?
	Wie führten Sie Entscheidungen in Ihrer Abteilung herbei?
	Ihr Vorgesetzter ist unerreichbar. Ihr Kunde will einen Auftrag sofort unterschreiben. Allerdings nur zu Konditionen, die Sie eigentlich mit Ihrem Vorgesetzten absprechen müssten. Was tun Sie?
	Wie haben Sie die Entscheidung für diesen Beruf getroffen?
	Welche Voraussetzungen benötigen Sie, um eine Entscheidung zu treffen?
	Wie stehen Sie zu Gruppenentscheidungen?
	Sie müssen eine Entscheidung treffen, von der Sie wissen, dass sie von Ihren Mitarbeitern/Kollegen nicht getragen wird. Was tun Sie?
	Sie müssen eine Entscheidung treffen, von der Sie wissen, dass sie von Ihrem Vorgesetzten nicht getragen wird. Was tun Sie?
	Welchen Führungsstil bevorzugen Sie?
	Was zeichnet Ihrer Meinung nach eine ideale Führungskraft aus?
	Wie erzeugen Sie Abschlussdruck beim Kunden?
	Wie haben Sie reagiert, als Sie das letzte Mal eine Fehlentscheidung getroffen haben?
	Beschreiben Sie, wie Sie an ein Problem herangingen, was sich bei Ihnen in letzter Zeit ergab.
	Beschreiben Sie Ihre Rolle in einem Team/Projekt.
	Wer macht bei Ihnen zu Hause die Urlaubsplanung?
3. Teamfähigkeit	Mit welcher Art Menschen arbeiten Sie gerne zusammen?
	Was ist für Sie wesentlich beim Umgang mit bzw. bei der Führung von Menschen?
	Was bedeutet Teamarbeit für Sie?
	Wie gehen Sie mit schwierigen Kollegen um?
	Wie sieht Ihr ideales Arbeitsumfeld aus?
	Welche Erwartungen haben Sie an künftige Kollegen/Vorgesetzte?
	Wie arbeiten Sie mit einem Team zusammen?
	Auf was kommt es Ihnen in einem Team an?
	Auf was legen Sie Wert im Beruf?
	Was befähigt Sie für diese Position?
	Wie haben Sie Ihre jetzige berufliche Position erreicht?
	Welche Ziele haben Sie sich gesetzt?
	Wie gehen Sie vor, wenn Sie mehrere Aufgaben gleichzeitig zu erledigen haben?
	In welchem Umfang pflegen Sie soziale Kontakte?
	Wie führten Sie Entscheidungen in Ihrer Abteilung herbei?
	Welche Rolle nehmen Sie in einem Team ein?

Tab. 7.2 (Fortsetzung)

Kriterium	Fragen
3. Teamfähigkeit	Was bedeutet es für Sie, mit anderen Menschen zusammenzuarbeiten?
	Haben Sie schon einmal Gruppen geleitet, die Sie zu einem bestimmten Ziel führen mussten? Wie sind Sie vorgegangen?
	Beraten Sie sich bei Abteilungsentscheidungen mit Ihren Mitarbeitern? Wie läuft das ab? Wie war das beim letzten Mal? Wie reagieren Sie, wenn Ihre Mitarbeiter anderer Meinung sind?
	Welchen Führungsstil bevorzugen Sie?
	Wie motivieren Sie Ihre Mitarbeiter?
	Wie glauben Sie, sich in das neue Team integrieren zu können?
	Was gehört für Sie zu einem guten Betriebsklima?
	Wie lösen Sie ein (fachübergreifendes) Problem?
	Eine vereinbarte Zusammenarbeit klappt nicht, was tun Sie?
	Wie wurde in Ihrer letzten Firma Teamfähigkeit verstanden?
	Wie haben Sie sich auf Prüfungen vorbereitet (Gruppe/einzeln)? Wie kamen die Gruppen zustande?
	Welche Rolle haben Sie gespielt? Wie fühlten Sie sich in der Gruppe? Gab es Außenseiter?
	Wie stehen Sie zu Gruppenentscheidungen?
4. Entscheidungsfreudigkeit	Warum wollen Sie Ihre Stelle wechseln?
	Was interessiert Sie bei dieser Position am meisten?
	Welche Qualifikationen sind Ihrer Meinung nach wichtig für diese Position?
	Wie haben Sie bei Ihrem letzten Arbeitgeber Entscheidungen getroffen?
	Was zeichnet einen guten Manager aus?
	Beschreiben Sie eine Situation, in der Sie sich gegen deutliche Widerstände durchgesetzt haben.
	Auf welchen Gebieten würden Sie sich besonders gerne verbessern? Warum?
	Wie haben Sie bei Ihrem letzten Arbeitgeber Prioritäten gesetzt?
	Wie wollen Sie zum Erfolg unserer Firma beitragen?
	Was unternehmen Sie, um Ihre Karriereziele zu verwirklichen?
	Was ist Ihnen beruflich wichtig? Was möchten Sie lieber vermeiden?
	Wie arbeiten Sie unter Zeitdruck?
	Würden Sie für die Firma auch ins Ausland gehen?
	Schildern Sie eine Situation, in der Sie eine weitreichende Entscheidung treffen mussten. Wie sind Sie dabei vorgegangen?
	Wie bereiten Sie Entscheidungen vor?
	Wie viele Absicherungen/„Fallbacks" brauchen Sie, bevor Sie eine Entscheidung treffen?
	Wie gehen Sie vor, wenn Sie mehrere Aufgaben mit gleich hoher Priorität gleichzeitig erledigen müssen?
	Wann beraten Sie sich bei Entscheidungen mit Ihren Mitarbeitern?

Tab. 7.2 (Fortsetzung)

Kriterium	Fragen
4. Entscheidungs-freudigkeit	Wie stehen Sie zu Gruppenentscheidungen?
	Welche Rolle nehmen Sie in einem Team ein?
	Wie lösen Sie ein (fachübergreifendes) Problem?
	Was verstehen Sie unter Entscheidungsfreudigkeit? Wie stehen Sie dazu?
	Wie führten Sie in Ihrer Abteilung Entscheidungen herbei?
5. Überzeugungs-kraft	Warum sollten wir unbedingt Sie einstellen?
	Wie wollen Sie zum Erfolg unserer Firma beitragen?
	Wie arbeiten Sie mit einem Team zusammen?
	Wie gehen Sie mit schwierigen Kollegen um?
	Wie haben Sie bei Ihrem Arbeitgeber Ihre Führungsfähigkeiten unter Beweis gestellt?
	Wie verschaffen Sie sich Respekt bei Ihren Kollegen?
	Wie sind Sie mit einer bedeutenden Veränderung bei Ihrem letzten Arbeitgeber umgegangen?
	Welche besonderen Leistungen haben Sie während Ihrer Berufstätigkeit erbracht? Wie haben Sie diese Leistungen erbracht?
	Auf welche besonderen Probleme sind Sie während Ihrer Berufstätigkeit gestoßen? Wie haben Sie diese gelöst?
	Wie führten Sie in Ihrer Abteilung Entscheidungen herbei?
	Wie haben Sie sich auf Prüfungen vorbereitet (Gruppe/einzeln)? Wie kamen die Gruppen zustande? Welche Rolle haben Sie gespielt? Gab es Außenseiter? Wie fühlten Sie sich in der Gruppe?
	Jeder musste schon einmal mit schwierigen Menschen zusammenarbeiten. Beschreiben Sie bitte einen solchen Fall. Warum war die Person schwierig? Wie sind Sie damit umgegangen?
	Welche Rolle nehmen Sie in einem Team ein?
	Was bedeutet es für Sie, mit anderen Menschen zusammenzuarbeiten?
	Wie haben Sie reagiert, als zuletzt entgegen Ihrer Meinung eine Entscheidung getroffen wurde?
	Wie setzen Sie Ihren Standpunkt durch?
	Bei einer Besprechung stellen Sie fest, dass die Mehrzahl der Teilnehmer anderer Auffassung ist. Wie reagieren Sie?
	Was haben Sie in Ihrem letzten Job besonders durchgesetzt?
	Schildern Sie bitte Situationen, wo Sie sich in der Vergangenheit gegen Widerstände durchgesetzt haben. Wie sind Sie vorgegangen?
	Wir suchen einen kritisch denkenden Mitarbeiter – was stellen Sie sich darunter vor?
	Wie motivieren Sie Ihre Mitarbeiter?
	Was war der Anlass zur letzten Konfrontation mit Vorgesetzten/Mitarbeitern und wie haben Sie das Problem gelöst?
	Was machen Sie, wenn Sie anderer Meinung sind als Ihre Mitarbeiter?

Tab. 7.2   (Fortsetzung)

Kriterium	Fragen
5. Überzeugungs-kraft	Wie würden Sie vorgehen, um bestimmte Unternehmensziele zu erreichen und dabei alle Mitarbeiter zu motivieren?
	Wie bringen Sie einen faulen und aufmüpfigen, aber beliebten Mitarbeiter dazu, bessere Leistungen zu bringen?
	Was machen Sie bei fehlerhafter Arbeit Ihrer Mitarbeiter?
	Wie bringen Sie jemanden dazu etwas zu tun, was er/sie nicht tun will?
	Wie überzeugen Sie mich davon, Ihr Hobby auszuüben?
6. Problemanalyse	Welcher Art waren Unstimmigkeiten mit Ihren Kollegen?
	Was ist für Sie Stress und wie gehen Sie damit um?
	Wie gehen Sie mit schwierigen Kollegen um?
	Bezeichnen Sie sich als eine Führungspersönlichkeit? Warum?
	Was haben Sie aus Ihren Fehlern gelernt?
	Welche Qualifikationen sind Ihrer Meinung nach wichtig für diese Position?
	Auf welchen Gebieten würden Sie sich besonders gerne verbessern? Warum?
	Beschreiben Sie eine Konfliktsituation und wie Sie sich in ihr verhalten haben.
	Wie werden Sie von Ihren Mitmenschen eingeschätzt (positiv und negativ)?
	Wie charakterisieren Sie sich selbst?
	Worin liegen Ihre Stärken?
	Welche Schwächen haben Sie?
	Was zeichnet Sie besonders gegenüber anderen aus?
	Beschreiben Sie eine Niederlage und wie Sie damit umgegangen sind.
	Wie bessern Sie Ihre Fehler aus?
	Wie würde Ihr letzter Chef Sie beschreiben?
	Was würden Sie gerne an sich verbessern/verändern?
	Wie sieht Ihr ideales Arbeitsumfeld aus?
	Wie wollen Sie zum Erfolg unserer Firma beitragen?
	Was wissen Sie über unsere Marktsituation?
	Welche Chancen/Risiken sehen Sie für unsere Firma in der Zukunft?
	Was wissen Sie über unsere Konkurrenz?
	Wie ist Ihr erster Eindruck von unserer Firma?
	Warum wollen Sie in unserer Firma arbeiten?
	Wie würden Sie Ihren momentanen/letzten Vorgesetzten beschreiben?
	Welche besonderen Stärken weist Ihr Vorgesetzter Ihrer Meinung nach auf? Inwiefern?
	Auf welche Art und Weise hat Ihr Vorgesetzter Ihre Arbeit unterstützt?
	Was verstehen Sie unter dem Begriff Problemanalyse?
	Schildern Sie bitte eine für Sie neue und ungewohnte Situation. Wie haben Sie sich in dieser Situation verhalten?

Tab. 7.2 (Fortsetzung)

Kriterium	Fragen
6. Problemanalyse	Was für langfristige Ziele haben Sie? Wie stellen Sie sich deren Verwirklichung vor?
	Wie gehen Sie vor, wenn Sie Ihr Vorgesetzter vor neue Aufgaben stellt?
	Wie planen Sie Ihre Arbeit?
	Wie gehen Sie vor, wenn Sie mehrere Aufgaben gleichzeitig zu erledigen haben?
	Wie kontrollieren Sie Ihre Arbeitsergebnisse?
	Schildern Sie bitte das zuletzt von Ihnen gelöste Problem.
	Wie reagieren Sie, wenn Sie unter Zeitdruck geraten?
	Wie führten Sie Entscheidungen in Ihrer Abteilung herbei?
	Was ist für Sie wichtiger – etwas termingerecht fertigzustellen oder es „richtig zu machen"?
	Wie haben Sie Ihre Entscheidung für Ausbildung und Beruf getroffen?
	Erläutern Sie bitte Ihre Strategie einer Kontaktaufnahme zu einem Neukunden.
	Wie lösen Sie ein (fachübergreifendes) Problem?
	Warum haben Sie sich auf diesen Fachbereich spezialisiert?
7. Vernetztes Denken	Wie ist Ihr erster Eindruck von unserer Firma?
	Was wissen Sie über unsere Marktsituation?
	Welche Chancen/Risiken sehen Sie für unsere Firma in der Zukunft?
	Was wissen Sie über unsere Konkurrenz?
	Warum wollen Sie in unserer Firma arbeiten?
	Welche Qualifikationen sind Ihrer Meinung nach wichtig für diese Position?
	Was bedeutet für Sie selbstständiges Arbeiten?
	Wie haben Sie bei Ihrem letzten Arbeitgeber Prioritäten gesetzt?
	Auf was kommt es Ihnen in einem Team an?
	Was stellen Sie sich unter Ihrem zukünftigen Arbeitsgebiet vor?
	Welche Erwartungen haben Sie an künftige Kollegen/Vorgesetzte?
	Beschreiben Sie eine Niederlage und wie Sie damit umgegangen sind.
	Schildern Sie bitte eine für Sie neue und ungewohnte Situation. Wie haben Sie sich in dieser Situation verhalten?
	Was für langfristige Ziele haben Sie? Wie stellen Sie sich deren Verwirklichung vor?
	Wie gehen Sie vor, wenn Sie Ihr Vorgesetzter vor neue Aufgaben stellt?
	Wie planen Sie Ihre Arbeit?
	Wie gehen Sie vor, wenn Sie mehrere Aufgaben gleichzeitig zu erledigen haben?
	Wie kontrollieren Sie Ihre Arbeitsergebnisse?
	Schildern Sie bitte das zuletzt von Ihnen gelöste Problem.
	Wie reagieren Sie, wenn Sie unter Zeitdruck geraten?

Tab. 7.2   (Fortsetzung)

Kriterium	Fragen
7. Vernetztes Denken	Wie führten Sie Entscheidungen in Ihrer Abteilung herbei?
	Was ist für Sie wichtiger – etwas termingerecht fertigzustellen oder es „richtig zu machen"?
	Wie haben Sie Ihre Entscheidung für Ausbildung und Beruf getroffen?
	Was stellen Sie sich unter einem kritisch denkenden Mitarbeiter vor?
	Erläutern Sie bitte Ihre Strategie einer Kontaktaufnahme zu einem Neukunden.
	Wie lösen Sie ein (fachübergreifendes) Problem?
	Was verstehen Sie unter Kreativität? Halten Sie sich für kreativ? (Ggf. Bsp.)
	Warum haben Sie sich auf diesen Fachbereich spezialisiert?
	Auf was legen Sie Wert im Beruf?
	Welches berufliche Ziel haben Sie?
8. Belastbarkeit	Wofür sind Sie gelobt worden? Wofür kritisiert?
	Wie reagieren Sie auf unberechtigte Kritik?
	Was zeichnet einen guten Manager aus?
	Beschreiben Sie eine Niederlage und wie Sie damit umgegangen sind.
	Beschreiben Sie eine Situation, in der Sie sich gegen deutliche Widerstände durchgesetzt haben.
	Sind Sie nicht auch der Meinung, dass Sie für diesen Job überqualifiziert/unterqualifiziert sind?
	Was bedeutet für Sie selbstständiges Arbeiten?
	Wie schaffen Sie ein Gleichgewicht zwischen Arbeit und Familie?
	Würden Sie für die Firma auch ins Ausland gehen?
	Was war die größte Herausforderung Ihres Lebens?
	Welche besonderen Leistungen haben Sie während Ihrer Berufstätigkeit bisher erbracht? Wie haben Sie das gemacht?
	Auf welche besonderen Probleme sind Sie während Ihrer Berufstätigkeit bisher gestoßen? Wie haben Sie diese Probleme gelöst?
	Wie gehen Sie vor, wenn Sie mehrere Aufgaben gleichzeitig zu erledigen haben?
	Sind Sie es gewohnt, unter Leistungsdruck zu arbeiten?
	Geraten Sie gelegentlich unter Zeitdruck? Worauf führen Sie das zurück?
	Wie stehen Sie zu nicht erledigten Arbeiten?
	Was verstehen Sie unter persönlicher Belastbarkeit?
	Schildern Sie bitte ein Beispiel aus der jüngsten Vergangenheit, in dem Sie sich ungerecht behandelt fühlten.
	Waren Sie oft mit organisatorischen Änderungen konfrontiert? Wie sah das aus und wie sind Sie vorgegangen?
	Was belastet Sie beruflich am meisten? Wie werden Sie damit fertig?
	Was war Ihr bisher schwerster beruflicher Konflikt? Wie haben Sie ihn bewältigt?

Tab. 7.2 (Fortsetzung)

Kriterium	Fragen
8. Belastbarkeit	Nennen Sie bitte ein Beispiel, in dem Sie sich schnell auf eine veränderte Situation einstellen mussten. Wie sind Sie vorgegangen?
	Was war der Anlass zur letzten Konfrontation mit Vorgesetzten/Mitarbeitern und wie haben Sie das Problem gelöst?
	Wie haben Sie reagiert, als Sie das letzte Mal eine Fehlentscheidung getroffen haben?
	Wie lösen Sie das Problem, wenn Sie merken, dass Sie mit Ihrer Arbeit nicht fertig werden?
9. Verhandlungs-geschick	Welcher Art waren Unstimmigkeiten mit Ihren Kollegen?
	Wie gehen Sie mit schwierigen Kollegen um?
	Wie verschaffen Sie sich Respekt bei Ihren Kollegen?
	Was zeichnet einen guten Manager aus?
	Wie haben Sie bei Ihrem letzten Arbeitgeber Entscheidungen getroffen?
	Wie arbeiten Sie mit einem Team zusammen?
	Wie führten Sie Entscheidungen in Ihrer Abteilung/zu Ihrem Projekt herbei?
	Schildern Sie bitte ein von Ihnen in letzter Zeit gelöstes Problem.
	Ihr Vorgesetzter ist unerreichbar. Ihr Kunde will einen Auftrag sofort unterschreiben. Allerdings nur zu Konditionen, die Sie eigentlich mit Ihrem Vorgesetzten absprechen müssten. Was tun Sie?
	Welche Voraussetzungen benötigen Sie, um eine Entscheidung zu treffen?
	Wie erzeugen Sie Abschlussdruck beim Kunden?
	Wie setzen Sie Ihren Standpunkt durch?
	Wie motivieren Sie Ihre Mitarbeiter?
	Auf welche besonderen Probleme sind Sie während Ihrer Berufstätigkeit bisher gestoßen? Wie haben Sie diese Probleme gelöst?
	Schildern Sie eine typische Situation, in der Sie Verhandlungsgeschick beweisen mussten. Wie sind Sie dabei vorgegangen?
	Wie bringen Sie jemanden dazu etwas zu tun, was er/sie nicht tun will?
	Wie überzeugen Sie mich davon, Ihr Hobby auszuüben?
	Zusätzlich zu Ihrer „60-Stunden-Woche" brummt Ihnen Ihr Vorgesetzter noch Wochenendarbeit auf. Wie reagieren Sie?
	Bei einer Besprechung stellen Sie fest, dass die Mehrzahl der Teilnehmer anderer Auffassung ist. Wie reagieren Sie?
	Bei der letzten Beförderung hat man Sie schlichtweg übergangen. Wie ist Ihre Reaktion?
	Ihr bester Kunde unterschreibt den Ihnen schon mündlich zugesagten Auftrag doch nicht. Was tun Sie?
	Was haben Sie in Ihrem letzten Job besonders durchgesetzt?
	Schildern Sie bitte Situationen, in denen Sie sich in der Vergangenheit gegen Widerstände durchgesetzt haben. Wie sind Sie vorgegangen?

Tab. 7.2   (Fortsetzung)

Kriterium	Fragen
10. Konflikt-fähigkeit	Wie motivieren Sie sich? Was motiviert Sie?
	Sind Sie nicht auch der Meinung, dass Sie für diesen Job überqualifiziert/unterqualifiziert sind?
	Was bedeutet für Sie selbstständiges Arbeiten?
	Wie haben Sie bei Ihrem letzten Arbeitgeber Prioritäten gesetzt?
	Wie arbeiten Sie mit einem Team zusammen?
	Auf was kommt es Ihnen in einem Team an?
	Beschreiben Sie eine Konfliktsituation und wie Sie sich in ihr verhalten haben.
	Wie gehen Sie mit schwierigen Kollegen um?
	Wie reagieren Sie auf unberechtigte Kritik?
	Welche Charaktere finden Sie eher schwieriger?
	Mit welcher Art Menschen arbeiten Sie gerne zusammen?
	Welche Erwartungen haben Sie an künftige Kollegen/Vorgesetzte?
	Wie würden Sie Ihre Beziehung zu den Kollegen in anderen Abteilungen beschreiben?
	Welcher Art waren Unstimmigkeiten mit Ihren Kollegen?
	Wie beschreiben Sie Ihren idealen Vorgesetzten?
	Wie führten Sie Entscheidungen in Ihrer Abteilung/zu Ihrem Projekt herbei?
	Schildern Sie bitte ein von Ihnen in letzter Zeit gelöstes Problem.
	Wie würden Sie Ihren momentanen/letzten Vorgesetzten beschreiben?
	Wofür sind Sie gelobt worden? Wofür kritisiert?
	Auf was legen Sie Wert im Beruf?
	Jeder musste schon einmal mit schwierigen Menschen zusammenarbeiten. Beschreiben Sie einen solchen Fall. Warum war diese Person schwierig? Wie sind Sie damit umgegangen/fertig geworden?
	Welche Rolle nehmen Sie in einem Team ein?
	Was bedeutet es für Sie, mit anderen Menschen zusammenzuarbeiten?
	Wie setzen Sie Ihren Standpunkt durch?
	Bei einer Besprechung stellen Sie fest, dass die Mehrzahl der Teilnehmer anderer Auffassung ist. Wie reagieren Sie?
	Schildern Sie eine Situation, in der Sie sich in der Vergangenheit gegen Widerstände durchgesetzt haben. Wie sind Sie vorgegangen?
	Welchen Führungsstil bevorzugen Sie?
	Was zeichnet Ihrer Meinung nach eine ideale Führungskraft aus?
	Was war der Anlass zur letzten Konfrontation mit Vorgesetzten/Mitarbeitern und wie haben Sie das Problem gelöst?
	Was machen Sie, wenn Sie anderer Meinung sind als Ihre Mitarbeiter?
	Wie bringen Sie einen faulen und aufmüpfigen, aber beliebten Mitarbeiter dazu, bessere Leistungen zu bringen?
	Was machen Sie bei fehlerhafter Arbeit Ihrer Mitarbeiter?

Tab. 7.2 (Fortsetzung)

Kriterium	Fragen
10. Konflikt-fähigkeit	Was gehört für Sie zu einem guten Betriebsklima?
	Eine vereinbarte Zusammenarbeit klappt nicht, was tun Sie?
	Wie erkennen Sie, wenn ein Mitarbeiter die ihm übertragenen Aufgaben nicht erfüllen kann? Was tun Sie?
	Wie haben Sie reagiert, als Sie das letzte Mal eine Fehlentscheidung getroffen haben?
	Was ist für Sie ein Konflikt? (Beispiele)
11. Flexibilität	Warum wollen Sie Ihre Stelle wechseln?
	Was interessiert Sie bei dieser Position am meisten?
	Was unternehmen Sie, um Ihre Karriereziele zu verwirklichen?
	Wie arbeiten Sie unter Zeitdruck?
	Wie bessern Sie Ihre Fehler aus?
	Was war die größte Herausforderung Ihres Lebens?
	Wollen Sie sich in einem speziellen Bereich weiterbilden?
	In welchen anderen Branchen können Sie sich vorstellen tätig zu sein?
	Würden Sie für die Firma auch ins Ausland gehen?
	Wie reagieren Sie auf unvorhergesehene Änderungen?
	Was würden Sie tun, wenn Sie heute noch mal beginnen könnten?
	Was war das Ungewöhnlichste, das Sie in Ihrem Leben getan haben?
	Bei einer Besprechung stellen Sie fest, dass die Mehrzahl der Teilnehmer anderer Auffassung ist. Wie reagieren Sie?
	Schildern Sie bitte eine für Sie neue und ungewohnte Situation. Wie haben Sie sich in dieser Situation verhalten?
	Eine vereinbarte Zusammenarbeit klappt nicht. Was tun Sie?
	Ihr Mitarbeiter gibt eine Terminsache nicht rechtzeitig ab. Was tun Sie?
	Sie erkennen, dass Ihr Mitarbeiter die ihm übertragenen Aufgaben nicht lösen kann. Was tun Sie?
	Wie gehen Sie vor, wenn Sie mehrere Aufgaben gleichzeitig zu erledigen haben?
	Ihr Vorgesetzter überträgt Ihnen Aufgaben für das Wochenende. Sie sind jedoch auf das Geburtstagsfest Ihres besten Freundes eingeladen. Wie reagieren Sie?
	Was wäre Ihr Wunsch, wenn Sie einmal etwas völlig anderes tun wollten?
	Wie bauen Sie Kontakt zu einem Fremden auf?
	Auf welche besonderen Probleme sind Sie während Ihrer Berufstätigkeit gestoßen? Wie haben Sie diese gelöst?
	Schildern Sie bitte das zuletzt von Ihnen gelöste Problem.
	Wie haben Sie sich auf Prüfungen vorbereitet (Gruppe/einzeln)? Wie kamen die Gruppen zustande? Welche Rolle haben Sie gespielt? Gab es Außenseiter? Wie fühlten Sie sich in der Gruppe?

Tab. 7.2 (Fortsetzung)

Kriterium	Fragen
11. Flexibilität	Jeder musste schon einmal mit schwierigen Menschen zusammenarbeiten. Beschreiben Sie bitte einen solchen Fall. Warum war die Person schwierig? Wie sind Sie damit umgegangen?
	Was bedeutet es für Sie, mit anderen Menschen zusammenzuarbeiten?
	Wie haben Sie reagiert, als zuletzt entgegen Ihrer Meinung eine Entscheidung getroffen wurde?
	Welche Ihrer Ideen konnten Sie in Ihrem Unternehmen verwirklichen?
	Was haben Sie in Ihrem letzten Job besonders durchgesetzt?
12. Frustrationstoleranz	Wie motivieren Sie sich? Was motiviert Sie?
	Sind Sie nicht auch der Meinung, dass Sie für diesen Job überqualifiziert/unterqualifiziert sind?
	Beschreiben Sie eine Konfliktsituation und wie Sie sich in ihr verhalten haben.
	Wie reagieren Sie auf unberechtigte Kritik?
	Wie gehen Sie mit schwierigen Kollegen um?
	Wofür sind Sie gelobt worden? Wofür kritisiert?
	Welche Charaktere finden Sie eher schwieriger?
	Beschreiben Sie eine Niederlage und wie Sie damit umgegangen sind.
	Wie würden Sie Ihren momentanen/letzten Vorgesetzten beschreiben?
	Welche besonderen Stärken weist Ihr Vorgesetzter Ihrer Meinung nach auf? Inwiefern?
	Auf welche Art und Weise hat Ihr Vorgesetzter Ihre Arbeit unterstützt?
	Auf welche besonderen Probleme sind Sie während Ihrer Berufstätigkeit bisher gestoßen? Wie haben Sie diese Probleme gelöst?
	Wie gehen Sie vor, wenn Sie mehrere Aufgaben gleichzeitig zu erledigen haben?
	Sind Sie es gewohnt, unter Leistungsdruck zu arbeiten? Nennen Sie ein Beispiel.
	Geraten Sie gelegentlich unter Zeitdruck? Worauf führen Sie das zurück?
	Wie stehen Sie zu nicht erledigten Arbeiten?
	Was verstehen Sie unter persönlicher Belastbarkeit?
	Schildern Sie bitte ein Beispiel aus der jüngsten Vergangenheit, in dem Sie sich ungerecht behandelt fühlten.
	Waren Sie oft mit organisatorischen Änderungen konfrontiert? Wie sah das aus und wie sind Sie vorgegangen?
	Was belastet Sie beruflich am meisten? Wie werden Sie damit fertig?
	Was war Ihr bisher schwerster beruflicher Konflikt? Wie haben Sie ihn bewältigt?
	Was war der Anlass zur letzten Konfrontation mit Vorgesetzten/Mitarbeitern und wie haben Sie das Problem gelöst?

Tab. 7.2 (Fortsetzung)

Kriterium	Fragen
12. Frustrations-toleranz	Wie haben Sie reagiert, als Sie das letzte Mal eine Fehlentscheidung getroffen haben?
	Wie lösen Sie das Problem, wenn Sie merken, dass Sie mit Ihrer Arbeit nicht fertig werden?
	Was bringt Sie aus der Fassung? (Wann werden Sie ärgerlich?)
	Wann fühlen Sie sich ungerecht behandelt? Wie reagieren Sie dann?
	Was frustriert Sie?
	Bei welcher Gelegenheit waren Sie in letzter Zeit besonders frustriert? Was haben Sie unternommen?
13. Logisches Denken	Was wissen Sie über unsere Firma?
	Wie ist Ihr erster Eindruck von unserer Firma?
	Was wissen Sie über unsere Marktsituation?
	Welche Chancen/Risiken sehen Sie für unsere Firma in der Zukunft?
	Was wissen Sie über unsere Konkurrenz?
	Wie wollen Sie zum Erfolg unserer Firma beitragen?
	Beschreiben Sie eine Niederlage und wie Sie damit umgegangen sind.
	Welche Spiele spielen Sie besonders gern?
	Schildern Sie bitte eine für Sie neue und ungewohnte Situation. Wie haben Sie sich in dieser Situation verhalten?
	Was für langfristige Ziele haben Sie? Wie stellen Sie sich deren Verwirklichung vor?
	Wie gehen Sie vor, wenn Sie Ihr Vorgesetzter vor neue Aufgaben stellt?
	Wie planen Sie Ihre Arbeit?
	Wie gehen Sie vor, wenn Sie mehrere Aufgaben gleichzeitig zu erledigen haben?
	Wie kontrollieren Sie Ihre Arbeitsergebnisse?
	Schildern Sie bitte das zuletzt von Ihnen gelöste Problem.
	Wie reagieren Sie, wenn Sie unter Zeitdruck geraten?
	Wie führten Sie Entscheidungen in Ihrer Abteilung herbei?
	Was ist für Sie wichtiger – etwas termingerecht fertigzustellen oder es „richtig zu machen"?
	Wie haben Sie Ihre Entscheidung für Ausbildung und Beruf getroffen?
	Was stellen Sie sich unter einem kritisch denkenden Mitarbeiter vor?
	Erläutern Sie bitte Ihre Strategie einer Kontaktaufnahme zu einem Neukunden.
	Wie lösen Sie ein (fachübergreifendes) Problem?
	Was verstehen Sie unter Kreativität? Halten Sie sich für kreativ? (Mit Beispielen)
	Warum haben Sie sich auf diesen Fachbereich spezialisiert?
	Auf was legen Sie Wert im Beruf?
	Welches berufliche Ziel haben Sie?

Tab. 7.2 (Fortsetzung)

Kriterium	Fragen
14. Kompromiss-fähigkeit	Würden Sie für die Firma auch ins Ausland gehen?
	Wie sind Sie mit einer bedeutenden Veränderung bei Ihrem letzten Arbeitgeber umgegangen?
	Wie haben Sie bei Ihrem letzten Arbeitgeber Prioritäten gesetzt?
	Wie bessern Sie Ihre Fehler aus?
	Mit welcher Art Menschen arbeiten Sie gerne zusammen?
	Wie arbeiten Sie mit einem Team zusammen?
	Auf was kommt es Ihnen in einem Team an?
	Welcher Art waren Unstimmigkeiten mit Ihren Kollegen?
	Schildern Sie bitte eine für Sie neue und ungewohnte Situation. Wie haben Sie sich in dieser Situation verhalten?
	Was bedeutet es für Sie, mit anderen Menschen zusammenzuarbeiten?
	Welchen Führungsstil bevorzugen Sie?
	In welchen anderen Branchen können Sie sich vorstellen tätig zu sein?
	Welche Hobbies haben Sie?
	Bei einer Besprechung stellen Sie fest, dass die Mehrzahl der Teilnehmer anderer Auffassung ist. Wie reagieren Sie?
	Was würden Sie tun, wenn Sie heute noch mal beginnen könnten?
	Wie glauben Sie, sich in das neue Team integrieren zu können?
	Was machen Sie, wenn Sie anderer Meinung sind als Ihre Mitarbeiter?
	Was gehört für Sie zu einem guten Betriebsklima?
	Was war das Ungewöhnlichste, das Sie in Ihrem Leben getan haben?
	Wie reagieren Sie auf unvorhergesehene Änderungen?
	Schildern Sie eine Situation, in der Ihre Kollegen (Mitarbeiter) eine vollkommen andere Meinung als Sie vertreten haben. Wie haben Sie sich verhalten?
15. Innovations-fähigkeit	Warum sollten wir unbedingt Sie einstellen?
	Schildern Sie bitte eine für Sie neue und ungewohnte Situation. Wie haben Sie sich in dieser Situation verhalten?
	Wie haben Sie Ihre Entscheidung für Ausbildung und Beruf getroffen?
	Welches berufliche Ziel haben Sie?
	Was kann Sie besonders begeistern?
	Welche Tätigkeit übten Sie neben Ihrem Studium aus?
	In welchem Umfang pflegen Sie soziale Kontakte?
	Was bedeutet es für Sie, mit anderen Menschen zusammenzuarbeiten?
	Wie beginnen Sie Kontakt zu Fremden?
	In welchen anderen Branchen können Sie sich vorstellen tätig zu sein?
	Welche Hobbys haben Sie?
	Auf welche besonderen Probleme sind Sie während Ihrer Berufstätigkeit gestoßen? Wie haben Sie diese gelöst?

Tab. 7.2 (Fortsetzung)

Kriterium	Fragen
15. Innovations-fähigkeit	Schildern Sie bitte das zuletzt von Ihnen gelöste Problem.
	Wie führten Sie in Ihrer Abteilung Entscheidungen herbei?
	Wie haben Sie sich auf Prüfungen vorbereitet (Gruppe/einzeln)? Wie kamen die Gruppen zustande? Welche Rolle haben Sie gespielt? Gab es Außenseiter? Wie fühlten Sie sich in der Gruppe?
	Jeder musste schon einmal mit schwierigen Menschen zusammenarbeiten. Beschreiben Sie bitte einen solchen Fall. Warum war die Person schwierig? Wie sind Sie damit umgegangen?
	Was machen Sie, wenn Sie anderer Meinung sind als Ihre Mitarbeiter?
	Was würden Sie tun, wenn Sie heute noch einmal beginnen könnten?
	Was war das Ungewöhnlichste, das Sie in Ihrem Leben getan haben?
	Wie reagieren Sie auf unvorhergesehene Änderungen?
	Ihr Vorgesetzter ist unerreichbar. Ihr Kunde will einen Auftrag sofort unterschreiben. Allerdings nur zu Konditionen, die Sie eigentlich mit Ihrem Vorgesetzten absprechen müssten. Was tun Sie?
	Sie müssen eine Entscheidung treffen, von der Sie wissen, dass sie von Ihren Mitarbeitern nicht getragen wird. Was tun Sie?
	Sie müssen eine Entscheidung treffen, von der Sie wissen, dass sie von Ihrem Vorgesetzten nicht getragen wird. Was tun Sie?
16. Unternehme-risches Denken	Warum sollten wir unbedingt Sie einstellen?
	Was bedeutet für Sie selbstständiges Arbeiten?
	Was ist Ihnen beruflich wichtig? Was möchten Sie lieber vermeiden?
	Wie ist Ihr erster Eindruck von unserer Firma?
	Was wissen Sie über unsere Marktsituation?
	Was wissen Sie über unsere Konkurrenz?
	Welche besonderen Leistungen haben Sie während Ihrer Berufstätigkeit erbracht? Wie haben Sie diese Leistungen erbracht?
	Auf welche besonderen Probleme sind Sie während Ihrer Berufstätigkeit gestoßen? Wie haben Sie diese gelöst?
	Schildern Sie bitte das zuletzt von Ihnen gelöste Problem.
	Wie führten Sie in Ihrer Abteilung Entscheidungen herbei?
	Wie haben Sie reagiert, als zuletzt entgegen Ihrer Meinung eine Entscheidung getroffen wurde?
	Welche Ihrer Ideen konnten Sie in Ihrem Unternehmen verwirklichen?
	Wie setzen Sie Ihren Standpunkt durch?
	Bei einer Besprechung stellen Sie fest, dass die Mehrzahl der Teilnehmer anderer Auffassung ist. Wie reagieren Sie?
	Was haben Sie in Ihrem letzten Job besonders durchgesetzt?
	Schildern Sie bitte Situationen, in denen Sie sich in der Vergangenheit gegen Widerstände durchgesetzt haben. Wie sind Sie vorgegangen?

Tab. 7.2 (Fortsetzung)

Kriterium	Fragen
16. Unternehmerisches Denken	Wir suchen einen kritisch denkenden Mitarbeiter – was stellen Sie sich darunter vor?
	Welchen Führungsstil bevorzugen Sie?
	Wie motivieren Sie Ihre Mitarbeiter?
	Was machen Sie, wenn Sie anderer Meinung sind als Ihre Mitarbeiter?
	Wie würden Sie vorgehen, um bestimmte Unternehmensziele zu erreichen und dabei alle Mitarbeiter zu motivieren?
	Was machen Sie bei fehlerhafter Arbeit Ihrer Mitarbeiter?
	Was gehört für Sie zu einem guten Betriebsklima?
	Ist es wichtig für Sie, eine verantwortungsvolle, aber auch risikoreiche Tätigkeit zu übernehmen? Warum ist das für Sie wichtig?
	Was bedeutet für Sie der Begriff „Unternehmerisches Denken"?
	Wie planen Sie Ihre Ziele und die Ihrer Mitarbeiter?
	Wie kontrollieren Sie die Ergebnisse Ihrer Mitarbeiter?
	Unter welchen Umständen könnte ein Wechsel in eine ganz neue Branche für Sie interessant sein?
17. Führungsfähigkeit	Wie beschreiben Sie Ihren idealen Vorgesetzten?
	Wie würden Sie Ihren momentanen/letzten Vorgesetzten beschreiben?
	Welche besonderen Stärken weist Ihr Vorgesetzter Ihrer Meinung nach auf? Inwiefern?
	Was zeichnet einen guten Manager aus?
	Auf welche Art und Weise hat Ihr Vorgesetzter Ihre Arbeit unterstützt?
	Wie verschaffen Sie sich Respekt bei Ihren Kollegen?
	Bezeichnen Sie sich als eine Führungspersönlichkeit? Warum?
	Wie haben Sie bei Ihrem Arbeitgeber Ihre Führungsfähigkeiten unter Beweis gestellt?
	Was ist für Sie wesentlich beim Umgang mit bzw. bei der Führung von Menschen?
	Beschreiben Sie eine Situation, in der Sie sich gegen deutliche Widerstände durchgesetzt haben.
	Wie kontrollieren Sie die Arbeitsergebnisse Ihrer Mitarbeiter?
	In welcher Weise halten Sie Vereinbarungen fest?
	Was halten Sie von Gruppenentscheidungen?
	Wie kontrollieren Sie Ihre Arbeitsergebnisse?
	Arbeiten Sie lieber im Konzern oder in einem kleineren Unternehmen? Warum?
	Wie führten Sie Entscheidungen in Ihrer Abteilung herbei?
	Welchen Führungsstil bevorzugen Sie und warum?
	Wie haben Sie Informationsaustausch mit Mitarbeitern praktiziert?
	Wie steuern und kontrollieren Sie Ihre Mitarbeiter?

Tab. 7.2 (Fortsetzung)

Kriterium	Fragen
17. Führungs- fähigkeit	Ihr Mitarbeiter hat eine äußerst wichtige Aufgabe sehr schlecht ausgeführt. Unter welchen Umständen würden Sie ihn nochmals mit einer sehr wichtigen Aufgabe betrauen?
	Welche Rolle nehmen Sie in einem Team ein?
	Was bedeutet es für Sie, mit anderen Menschen zusammenzuarbeiten?
	Beraten Sie sich bei Abteilungsentscheidungen mit Ihren Mitarbeitern? Wie läuft das ab? Wie war das beim letzten Mal? Wie reagieren Sie, wenn Ihre Mitarbeiter anderer Meinung sind?
	Wie motivieren Sie Ihre Mitarbeiter?
	Wie glauben Sie, sich in das neue Team integrieren zu können?
	Was gehört für Sie zu einem guten Betriebsklima?
	Wie lösen Sie ein (fachübergreifendes) Problem?
	Eine vereinbarte Zusammenarbeit klappt nicht, was tun Sie?
	Was befähigt Sie für diese Position?
	Haben Sie schon einmal Gruppen geleitet, die Sie zu einem bestimmten Ziel führen mussten? Wie sind Sie vorgegangen?
	Welche Erfahrungen haben Sie in der Mitarbeiterführung?
	Haben Sie schon einmal Mitarbeiter eingestellt/entlassen? Wie sind Sie dabei vorgegangen?
	Welche Erfahrungen haben Sie mit Vorgesetzten sammeln können?
	Was zeichnet Ihrer Meinung nach eine ideale Führungskraft aus?
	Was war der Anlass zur letzten Konfrontation mit Vorgesetzten/Mitarbeitern? Wie haben Sie das Problem gelöst?
	Können Sie begründen, weshalb Sie sich für einen guten Vorgesetzten halten?
	Wie würden Sie vorgehen, um bestimmte Unternehmensziele zu erreichen und dabei alle Mitarbeiter zu motivieren?
	Wie bringen Sie einen faulen und aufmüpfigen, aber beliebten Mitarbeiter dazu, bessere Leistungen zu bringen?
	Was machen Sie bei fehlerhafter Arbeit Ihrer Mitarbeiter?
	Wie vermitteln Sie die Zielvorgaben für Ihren Bereich?
	Wie bringen Sie jemanden dazu etwas zu tun, was er/sie nicht tun will?
	Sind Sie der Meinung, dass Sie Überzeugungskraft haben? Nennen Sie bitte eine Situation, in der Sie überzeugt haben.
	Wie erkennen Sie, wenn ein Mitarbeiter die ihm übertragenen Aufgaben nicht lösen kann? Was tun Sie?
	Wie haben Sie reagiert, als Sie das letzte Mal eine Fehlentscheidung getroffen haben?
	Ist es wichtig für Sie, eine verantwortungsvolle Tätigkeit zu übernehmen? Warum ist das wichtig für Sie?
	Wie bauten Sie Verantwortungsbewusstsein bei Ihren Mitarbeitern auf?
	Ihr Mitarbeiter gibt eine Terminsache nicht rechtzeitig ab. Was tun Sie?

Tab. 7.2 (Fortsetzung)

Kriterium	Fragen
18. Risiko-bereitschaft	Warum wollen Sie Ihre Stelle wechseln?
	Was interessiert Sie bei dieser Position am meisten?
	Wie haben Sie bei Ihrem letzten Arbeitgeber Prioritäten gesetzt?
	Wie sind Sie mit einer bedeutenden Veränderung bei Ihrem letzten Arbeitgeber umgegangen?
	Wo sehen Sie sich beruflich in fünf Jahren?
	Was unternehmen Sie, um Ihre Karriereziele zu verwirklichen?
	Was war die größte Herausforderung Ihres Lebens?
	Welche langfristigen Ziele haben Sie? Wie stellen Sie sich deren Verwirklichung vor?
	Wie gehen Sie vor, wenn Sie Ihr Vorgesetzter vor neue Aufgaben stellt?
	Wie planen Sie Ihre Arbeit?
	Wie gehen Sie vor, wenn Sie mehrere Aufgaben gleichzeitig zu erledigen haben?
	Wie kontrollieren Sie Ihre Arbeitsergebnisse?
	Schildern Sie bitte das zuletzt von Ihnen gelöste Problem.
	Wie reagieren Sie, wenn Sie unter Zeitdruck geraten?
	Wie führten Sie Entscheidungen in Ihrer Abteilung herbei?
	Was ist für Sie wichtiger – etwas termingerecht fertigzustellen oder es „richtig zu machen"?
	Was verstehen Sie unter Kreativität? Halten Sie sich für kreativ? (Ggf. Bsp.)
	Warum haben Sie sich auf diesen Fachbereich spezialisiert?
	Auf was legen Sie Wert im Beruf?
	Welches berufliche Ziel haben Sie?
	Warum haben Sie sich für dieses Studium/diese Ausbildung entschieden?
	Was belastet Sie beruflich am meisten? Wie werden Sie damit fertig?
	Was war Ihr bisher schwerster beruflicher Konflikt? Wie haben Sie ihn bewältigt?
	Nennen Sie bitte ein Beispiel, in dem Sie sich schnell auf eine veränderte Situation einstellen mussten. Wie sind Sie vorgegangen?
	Was war der Anlass zur letzten Konfrontation mit Vorgesetzten/Mitarbeitern und wie haben Sie das Problem gelöst?
	Wie haben Sie reagiert, als Sie das letzte Mal eine Fehlentscheidung getroffen haben?
	Wie lösen Sie das Problem, wenn Sie merken, dass Sie mit Ihrer Arbeit nicht fertig werden?
19. Stressstabilität	Was ist für Sie Stress und wie gehen Sie damit um?
	Wie haben Sie bei Ihrem letzten Arbeitgeber Prioritäten gesetzt?
	Wie sind Sie mit einer bedeutenden Veränderung bei Ihrem letzten Arbeitgeber umgegangen?
	Welche Charaktere finden Sie eher schwieriger?

Tab. 7.2 (Fortsetzung)

Kriterium	Fragen
19. Stressstabilität	Beschreiben Sie eine Konfliktsituation und wie Sie sich in ihr verhalten haben.
	Beschreiben Sie eine Situation, in der Sie sich gegen deutliche Widerstände durchgesetzt haben.
	Wie haben Sie bei Ihrem Arbeitgeber Ihre Führungsfähigkeiten unter Beweis gestellt?
	Wie gehen Sie mit schwierigen Kollegen um?
	Was bedeutet Teamarbeit für Sie?
	Beschreiben Sie eine Niederlage und wie Sie damit umgegangen sind.
	Sind Sie nicht auch der Meinung, dass Sie für diesen Job überqualifiziert/unterqualifiziert sind?
	Wie reagieren Sie auf unberechtigte Kritik?
	Welche besonderen Leistungen haben Sie während Ihrer Berufstätigkeit bisher erbracht? Wie haben Sie das gemacht?
	Auf welche besonderen Probleme sind Sie während Ihrer Berufstätigkeit bisher gestoßen? Wie haben Sie diese Probleme gelöst?
	Wie gehen Sie vor, wenn Sie mehrere Aufgaben gleichzeitig zu erledigen haben?
	Sind Sie es gewohnt, unter Leistungsdruck zu arbeiten?
	Geraten Sie gelegentlich unter Zeitdruck? Worauf führen Sie das zurück?
	Wie stehen Sie zu nicht erledigten Arbeiten?
	Wie reagieren Sie, wenn Sie unter Zeitdruck geraten?
	Was verstehen Sie unter persönlicher Belastbarkeit?
	Schildern Sie bitte eine Situation aus der jüngsten Vergangenheit, in der Sie sich ungerecht behandelt fühlten.
	Waren Sie oft mit organisatorischen Änderungen konfrontiert? Wie sah das aus und wie sind Sie vorgegangen?
	Was belastet Sie beruflich am meisten? Wie werden Sie damit fertig?
	Was war Ihr bisher schwerster beruflicher Konflikt? Wie haben Sie ihn bewältigt?
	Nennen Sie bitte ein Beispiel, wo Sie sich schnell auf eine veränderte Situation einstellen mussten. Wie sind Sie vorgegangen?
	Was war der Anlass zur letzten Konfrontation mit Vorgesetzten/Mitarbeitern und wie haben Sie das Problem gelöst?
	Wie haben Sie reagiert, als Sie das letzte Mal eine Fehlentscheidung getroffen haben?
	Wie lösen Sie das Problem, wenn Sie merken, dass Sie mit Ihrer Arbeit nicht fertig werden?
	Was ist für Sie negativer Stress? Wie gehen Sie damit um?

Tab. 7.2 (Fortsetzung)

Kriterium	Fragen
20. Ergebnis-orientierte Einstellung	Was bedeutet für Sie selbstständiges Arbeiten?
	Welche Qualifikationen sind Ihrer Meinung nach wichtig für diese Position?
	Wie haben Sie bei Ihrem letzten Arbeitgeber Prioritäten gesetzt?
	Auf welchen Gebieten würden Sie sich besonders gerne verbessern? Warum?
	Was ist Ihnen beruflich wichtig? Was möchten Sie lieber vermeiden?
	Wo sehen Sie sich beruflich in fünf Jahren?
	Was war die größte Herausforderung Ihres Lebens?
	Was unternehmen Sie, um Ihre Karriereziele zu verwirklichen?
	Was zeichnet einen guten Manager aus?
	Wie arbeiten Sie mit einem Team zusammen?
	Auf was kommt es Ihnen in einem Team an?
	Was bedeutet Teamarbeit für Sie?
	Wie wollen Sie zum Erfolg unserer Firma beitragen?
	Auf was legen Sie Wert im Beruf?
	Wie kontrollieren Sie Ihre Arbeitsergebnisse?
	Wie setzen Sie Ihren Standpunkt durch?
	In welchem Umfang pflegen Sie soziale Kontakte?
	Was bedeutet es für Sie, mit anderen Menschen zusammenzuarbeiten?
	Wie motivieren Sie Ihre Mitarbeiter?
	Was zeichnet Ihrer Meinung nach eine ideale Führungskraft aus?
	Was gehört für Sie zu einem guten Betriebsklima?
	Was befähigt Sie für diese Position?
	Gibt es originelle Ideen, auf die Sie besonders stolz sind?
	Was kann Sie besonders begeistern?
	Wie planen Sie Ihre Arbeit?
	Wie lösen Sie ein fachübergreifendes Problem?
	Schildern Sie bitte eine für Sie neue und ungewohnte Situation. Wie haben Sie sich in dieser Situation verhalten?
	Was für langfristige Ziele haben Sie? Wie stellen Sie sich deren Verwirklichung vor?
	Wie gehen Sie vor, wenn Sie Ihr Vorgesetzter vor neue Aufgaben stellt?
	Schildern Sie bitte das zuletzt von Ihnen gelöste Problem.
	Wie führten Sie Entscheidungen in Ihrer Abteilung herbei?
	Was ist für Sie wichtiger – etwas termingerecht fertigzustellen oder es „richtig zu machen"?
	Was stellen Sie sich unter einem kritisch denkenden Mitarbeiter vor?
	Erläutern Sie bitte Ihre Strategie einer Kontaktaufnahme zu einem Neukunden.
	Warum haben Sie sich für dieses Studium/diese Ausbildung entschieden?

Tab. 7.2 (Fortsetzung)

Kriterium	Fragen
21. Erfolgswille	Warum sollten wir unbedingt Sie einstellen?
	Was interessiert Sie bei dieser Position am meisten?
	Wie haben Sie bei Ihrem letzten Arbeitgeber Prioritäten gesetzt?
	Auf welchen Gebieten würden Sie sich besonders gerne verbessern? Warum?
	Was bedeutet für Sie selbstständiges Arbeiten?
	Welche Qualifikationen sind Ihrer Meinung nach wichtig für diese Position?
	Was ist Ihnen beruflich wichtig? Was möchten Sie lieber vermeiden?
	Wollen Sie sich in einem speziellen Bereich weiterbilden?
	Wo sehen Sie sich beruflich in fünf Jahren?
	Was zeichnet einen guten Manager aus?
	Was unternehmen Sie, um Ihre Karriereziele zu verwirklichen?
	Wie wollen Sie zum Erfolg unserer Firma beitragen?
	Wofür sind Sie gelobt worden? Wofür kritisiert?
	Welche besonderen Leistungen haben Sie während Ihrer Berufstätigkeit erbracht? Wie haben Sie diese Leistungen erbracht?
	Auf welche besonderen Probleme sind Sie während Ihrer Berufstätigkeit gestoßen? Wie haben Sie diese gelöst?
	Schildern Sie bitte das zuletzt von Ihnen gelöste Problem.
	Wie führten Sie in Ihrer Abteilung Entscheidungen herbei?
	Wie haben Sie sich auf Prüfungen vorbereitet (Gruppe/einzeln)? Wie kamen die Gruppen zustande? Welche Rolle haben Sie gespielt? Gab es Außenseiter? Wie fühlten Sie sich in der Gruppe?
	Welche Rolle nehmen Sie in einem Team ein?
	Wie haben Sie reagiert, als zuletzt entgegen Ihrer Meinung eine Entscheidung getroffen wurde?
	Wie setzen Sie Ihren Standpunkt durch?
	Bei einer Besprechung stellen Sie fest, dass die Mehrzahl der Teilnehmer anderer Auffassung ist. Wie reagieren Sie?
	Was haben Sie in Ihrem letzten Job besonders durchgesetzt?
	Schildern Sie bitte Situationen, in denen Sie sich in der Vergangenheit gegen Widerstände durchgesetzt haben. Wie sind Sie vorgegangen?
	Wir suchen einen kritisch denkenden Mitarbeiter – was stellen Sie sich darunter vor?
	Wie würden Sie vorgehen, um bestimmte Unternehmensziele zu erreichen und dabei alle Mitarbeiter zu motivieren?
	Was machen Sie bei fehlerhafter Arbeit Ihrer Mitarbeiter?
	Wie überzeugen Sie mich davon, Ihr Hobby auszuüben?
	Ist es wichtig für Sie, eine verantwortungsvolle Tätigkeit zu übernehmen? Warum ist das für Sie wichtig?
	Welche Bedeutung hat Erfolg für Sie?
	Was ist für Sie „Erfolgswille"?

Tab. 7.2 (Fortsetzung)

Kriterium	Fragen
22. Selbst-motivation	Warum sollten wir unbedingt Sie einstellen?
	Was ist für Sie Stress und wie gehen Sie damit um?
	Beschreiben Sie eine Situation, in der Sie sich gegen deutliche Widerstände durchgesetzt haben.
	Was bedeutet für Sie selbstständiges Arbeiten?
	Wo sehen Sie sich beruflich in fünf Jahren?
	Auf welchen Gebieten würden Sie sich besonders gerne verbessern? Warum?
	Was unternehmen Sie, um Ihre Karriereziele zu verwirklichen?
	Auf welche Art und Weise hat Ihr Vorgesetzter Ihre Arbeit unterstützt?
	Wofür sind Sie gelobt worden? Wofür kritisiert?
	Was haben Sie im Rahmen Ihrer Aufgaben verändert?
	Wo liegen die Grenzen Ihres persönlichen Arbeitseinsatzes für die Firma?
	Schildern Sie bitte eine Situation, in der Ihre Initiative besonders gefordert wurde.
	Welchen Stellenwert hat für Sie Ihre Urlaubsplanung?
	Welche Ehrenämter üben Sie in Ihrer Freizeit aus? Wie bringen Sie dies mit Ihrer Arbeit in Einklang?
	Wie haben Sie Ihre jetzige berufliche Position erreicht? Welche Ziele haben Sie sich gesetzt?
	Wie stehen Sie zu nicht erledigter Arbeit?
	Sind Sie bereit, im Sinne des Arbeitsergebnisses private Interessen zurückzustellen?
	Haben Sie schon einmal Gruppen geleitet, die Sie zu einem bestimmten Ziel führen mussten? Wie sind Sie vorgegangen?
	Welche Ihrer Ideen konnten Sie in Ihrem Unternehmen verwirklichen?
	Was haben Sie in Ihrem letzten Job besonders durchgesetzt?
	Wie würden Sie vorgehen, um bestimmte Unternehmensziele zu erreichen und dabei alle Mitarbeiter zu motivieren?
	Welche Fähigkeiten haben Sie in den letzten drei Jahren erworben?
	Was taten Sie bisher für Ihre Weiterbildung? Wer war der Initiator? Wann fand die Weiterbildung statt? Wer finanzierte die Weiterbildung?
	Welche Fachzeitschriften lesen Sie regelmäßig?
	Was erwarten Sie von Ihrer beruflichen Zukunft?
	Haben Sie jemals die Stelle gewechselt, weil Ihnen die gestellten Anforderungen nicht genügten?
	Wie verkaufen Sie ein Produkt, von dem Sie selbst nicht überzeugt sind?
	Halten Sie sich für einen verantwortungsbewussten Menschen? Wo tragen Sie derzeit Verantwortung?
	Ist es wichtig für Sie, eine verantwortungsvolle Tätigkeit zu übernehmen? Warum ist das wichtig für Sie?
	Wie motivieren Sie sich? Wie werden Sie motiviert?

Tab. 7.2 (Fortsetzung)

Kriterium	Fragen
23. Kunden-orientierung	Was bedeutet für Sie Kundenorientierung? Zeigen Sie mir anhand eines Beispiels, inwieweit diese Kriterien auf Sie zutreffen.
	Wir werden alle von unseren Kunden bezahlt und nicht von unserer Firma. Was halten Sie von dieser Aussage?
	Was halten Sie vom Begriff der Customer Service Orientation?
	Jeder musste schon einmal mit schwierigen Kunden zusammenarbeiten. Beschreiben Sie bitte einen solchen Fall. Warum war diese Situation schwierig? Wie sind Sie damit umgegangen?
	Welche Rolle haben Sie bei Ihren Kunden?
	Was bedeutet es für Sie, mit anderen Menschen zusammenzuarbeiten?
	Wie haben Sie reagiert, als zuletzt Ihr Kunde entgegen Ihrer Empfehlung eine Entscheidung getroffen hat?
	Wie setzen Sie Ihren Standpunkt beim Kunden durch?
	Ihr Vorgesetzter ist unerreichbar. Ihr Kunde will einen Auftrag sofort unterschreiben. Allerdings nur zu Konditionen, die Sie eigentlich mit Ihrem Vorgesetzten absprechen müssten. Was tun Sie?
	Welche Voraussetzungen benötigen Sie, um eine Entscheidung zu treffen?
	Wie erzeugen Sie Abschlussdruck beim Kunden?
	Wie setzen Sie Ihren Standpunkt durch?
	Beschreiben Sie eine Situation, in der es zu Meinungsverschiedenheiten mit Ihrem Kunden kam. Wie haben Sie das Problem gelöst?
	Wie bereiten Sie einen Kundenbesuch vor?
	Wie kontrollieren Sie Ihre Kundenbeziehung?
	Was ist Ihrer Meinung nach das Wichtigste für eine gute Kundenbeziehung?
24. Kommunika-tionsfähigkeit	Wie stellen Sie sich Ihren Idealjob vor?
	Wie haben Sie bei Ihrem letzten Arbeitgeber Entscheidungen getroffen?
	Wie sind Sie mit einer bedeutenden Veränderung bei Ihrem letzten Arbeitgeber umgegangen?
	Beschreiben Sie eine Situation, in der Sie sich gegen deutliche Widerstände durchgesetzt haben.
	Was wissen Sie über unsere Firma?
	Mit welcher Art Menschen arbeiten Sie gerne zusammen?
	Wie verschaffen Sie sich Respekt bei Ihren Kollegen?
	Bezeichnen Sie sich als eine Führungspersönlichkeit? Warum?
	Wie charakterisieren Sie sich selbst?
	Wie würde Ihr letzter Chef Sie beschreiben?
	Was würden Sie gerne an sich verbessern/verändern?
	Welche Erwartungen haben Sie an künftige Kollegen/Vorgesetzte?
	Wie werden Sie von Ihren Mitmenschen eingeschätzt (positiv und negativ)?
	Wie haben Sie bei Ihrem Arbeitgeber Ihre Führungsfähigkeiten unter Beweis gestellt?

Tab. 7.2 (Fortsetzung)

Kriterium	Fragen
24. Kommunika-tionsfähigkeit	Was ist für Sie wesentlich beim Umgang mit bzw. bei der Führung von Menschen?
	Wie würden Sie Ihre Beziehung zu den Kollegen in anderen Abteilungen beschreiben?
	Auf was kommt es Ihnen in einem Team an?
	Auf was legen Sie Wert im Beruf?
	Wie gehen Sie vor, wenn Sie mehrere Aufgaben gleichzeitig zu erledigen haben?
	In welchem Umfang pflegen Sie soziale Kontakte?
	Wie führten Sie Entscheidungen in Ihrer Abteilung herbei?
	Welche Rolle nehmen Sie in einem Team ein?
	Was bedeutet es für Sie, mit anderen Menschen zusammenzuarbeiten?
	Haben Sie schon einmal Gruppen geleitet, die Sie zu einem bestimmten Ziel führen mussten? Wie sind Sie vorgegangen?
	Beraten Sie sich bei Abteilungsentscheidungen mit Ihren Mitarbeitern? Wie läuft das ab? Wie war das beim letzten Mal? Wie reagieren Sie, wenn Ihre Mitarbeiter anderer Meinung sind?
	Welchen Führungsstil bevorzugen Sie?
	Wie motivieren Sie Ihre Mitarbeiter?
	Was gehört für Sie zu einem guten Betriebsklima?
	Wie lösen Sie ein fachübergreifendes Problem?
	Eine vereinbarte Zusammenarbeit klappt nicht, was tun Sie?
	Wie wurde in Ihrer letzten Firma Teamfähigkeit verstanden?
	Sind Sie der Meinung, dass Sie Überzeugungskraft haben? Nennen Sie bitte eine Situation, in der Sie überzeugt haben.
	Wie steuern und kontrollieren Sie Ihre Arbeit?
25. Organisa-tionsfähigkeit	Wie schaffen Sie ein Gleichgewicht zwischen Arbeit und Familie?
	Schildern Sie bitte eine Situation, in der Ihre Initiative besonders gefordert wurde.
	Wie haben Sie Ihre jetzige berufliche Position erreicht? Welche Ziele haben Sie sich gesetzt?
	Wie haben Sie bei Ihrem letzten Arbeitgeber Prioritäten gesetzt?
	Wie stehen Sie zu nicht erledigter Arbeit?
	Welche Funktion haben Sie in einem Team?
	Haben Sie schon einmal Gruppen geleitet, die Sie zu einem bestimmten Ziel führen mussten? Wie sind Sie vorgegangen?
	Wie würden Sie vorgehen, um bestimmte Unternehmensziele zu erreichen und dabei alle Mitarbeiter zu motivieren?
	Schildern Sie bitte Situationen, in denen Sie sich in der Vergangenheit gegen Widerstände durchgesetzt haben. Wie sind Sie vorgegangen?

Tab. 7.2 (Fortsetzung)

Kriterium	Fragen
25. Organisa-tionsfähigkeit	Auf welche besonderen Probleme sind Sie während Ihrer Berufstätigkeit gestoßen? Wie haben Sie diese gelöst?
	Schildern Sie bitte das zuletzt von Ihnen gelöste Problem.
	Wie führten Sie in Ihrer Abteilung Entscheidungen herbei?
	Wie planen Sie Ihre Arbeit?
	Wie lösen Sie ein fachübergreifendes Problem?
	Was für langfristige Ziele haben Sie? Wie stellen Sie sich deren Verwirklichung vor?
	Wie gehen Sie vor, wenn Sie Ihr Vorgesetzter vor neue Aufgaben stellt?
	Wie gehen Sie vor, wenn Sie mehrere Aufgaben gleichzeitig zu erledigen haben?
	Waren Sie oft mit organisatorischen Änderungen konfrontiert? Wie sah das aus und wie sind Sie vorgegangen?
	Nennen Sie bitte ein Beispiel, wo Sie sich schnell auf eine veränderte Situation einstellen mussten. Wie sind Sie vorgegangen?
	Wie lösen Sie das Problem, wenn Sie merken, dass Sie mit Ihrer Arbeit nicht fertig werden?
26. Ziel-orientierung	Warum wollen Sie Ihre Stelle wechseln?
	Was interessiert Sie bei dieser Position am meisten?
	Wie haben Sie bei Ihrem letzten Arbeitgeber Prioritäten gesetzt?
	Wie haben Sie bei Ihrem letzten Arbeitgeber Entscheidungen getroffen?
	Was haben Sie aus Ihren Fehlern gelernt?
	Was zeichnet einen guten Manager aus?
	Welche Qualifikationen sind Ihrer Meinung nach wichtig für diese Position?
	Was ist Ihnen beruflich wichtig? Was möchten Sie lieber vermeiden?
	Wie sehen Ihre beruflichen Zielvorstellungen aus?
	Auf welchen Gebieten würden Sie sich besonders gerne verbessern? Warum?
	Wie wollen Sie zum Erfolg unserer Firma beitragen?
	Wollen Sie sich in einem speziellen Bereich weiterbilden?
	Wo sehen Sie sich beruflich in fünf Jahren?
	Wie stellen Sie sich Ihren Idealjob vor?
	Auf was kommt es Ihnen in einem Team an?
	Was war die größte Herausforderung Ihres Lebens?
	Ihr Vorgesetzter ist unerreichbar. Ihr Kunde will einen Auftrag sofort unterschreiben. Allerdings nur zu Konditionen, die Sie eigentlich mit Ihrem Vorgesetzten absprechen müssten. Was tun Sie?
	Wie haben Sie die Entscheidung für diesen Beruf getroffen?
	Welche Voraussetzungen benötigen Sie, um eine Entscheidung zu treffen?
	Beschreiben Sie, wie Sie an ein Problem herangingen, was sich bei Ihnen in letzter Zeit ergab.

Tab. 7.2 (Fortsetzung)

Kriterium	Fragen
26. Ziel- orientierung	Beschreiben Sie Ihre Rolle in einem Team/Projekt.
	Wer macht bei Ihnen zu Hause die Urlaubsplanung?
	Wie planen Sie Ihre Ziele und die Ihrer Mitarbeiter?
	Wie kontrollieren Sie die Ergebnisse Ihrer Mitarbeiter?
	Was bedeutet für Sie „Zielorientierung"?
	Geben Sie ein Beispiel aus der Vergangenheit, als Sie Ihre Zielorientierung besonders unter Beweis stellten.
	Wie planen und kontrollieren Sie Ihre eigenen Ziele?
	Was halten Sie von der Aussage: „Je genauer ich plane, desto härter trifft mich der Zufall"?
	Was für langfristige Ziele haben Sie? Wie stellen Sie sich deren Verwirklichung vor?
27. Anpassungs- fähigkeit	Wie stellen Sie sich Ihren Idealjob vor?
	Wie arbeiten Sie unter Zeitdruck?
	Mit welcher Art Menschen arbeiten Sie gerne zusammen?
	Wie arbeiten Sie mit einem Team zusammen?
	Welche Funktion haben Sie in einem Team?
	Wie würden Sie Ihre Beziehung zu den Kollegen in anderen Abteilungen beschreiben?
	Welcher Art waren Unstimmigkeiten mit Ihren Kollegen?
	Auf welche Art und Weise hat Ihr Vorgesetzter Ihre Arbeit unterstützt?
	Wie führten Sie Entscheidungen in Ihrer Abteilung/zu Ihrem Projekt herbei? Schildern Sie bitte ein von Ihnen in letzter Zeit gelöstes Problem. Wie setzten Sie Ihren Standpunkt durch?
	Auf welche besonderen Probleme sind Sie während Ihrer Berufstätigkeit bisher gestoßen? Wie haben Sie diese Probleme gelöst?
	Schildern Sie eine typische Situation, in der Sie Anpassungsfähigkeit beweisen mussten. Wie sind Sie dabei vorgegangen?
	Zusätzlich zu Ihrer „60-Stunden-Woche" brummt Ihnen Ihr Vorgesetzter noch Wochenendarbeit auf. Wie reagieren Sie?
	Bei einer Besprechung stellen Sie fest, dass die Mehrzahl der Teilnehmer anderer Auffassung ist. Wie reagieren Sie?
	Bei der letzten Beförderung hat man Sie schlichtweg übergangen. Wie ist Ihre Reaktion?
	Ihr bester Kunde unterschreibt den Ihnen schon mündlich zugesagten Auftrag doch nicht. Was tun Sie?
	Wie setzen Sie Ihren Standpunkt durch?
	Schildern Sie bitte Situationen, in denen Sie sich in der Vergangenheit gegen Widerstände durchgesetzt haben. Wie sind Sie vorgegangen?
	Ständige Veränderungen provozieren ein Chaos. Es ist besser, bei Bewährtem zu bleiben. Was halten Sie von diesen Aussagen?
	Wie reagieren Sie auf unvorhergesehene Änderungen?

Tab. 7.2 (Fortsetzung)

Kriterium	Fragen
28. Durch-setzungs-vermögen	Welcher Art waren Unstimmigkeiten mit Ihren Kollegen?
	Mit welcher Art Menschen arbeiten Sie gerne zusammen?
	Wie verschaffen Sie sich Respekt bei Ihren Kollegen?
	Bezeichnen Sie sich als eine Führungspersönlichkeit? Warum?
	Wie haben Sie bei Ihrem Arbeitgeber Ihre Führungsfähigkeiten unter Beweis gestellt?
	Wie haben Sie bei Ihrem letzten Arbeitgeber Prioritäten gesetzt?
	Wie sind Sie mit einer bedeutenden Veränderung bei Ihrem letzten Arbeitgeber umgegangen?
	Was unternehmen Sie, um Ihre Karriereziele zu verwirklichen?
	Was ist für Sie wesentlich beim Umgang mit bzw. bei der Führung von Menschen?
	Wie haben Sie Ihre jetzige berufliche Position erreicht? Welche Ziele haben Sie sich gesetzt?
	Haben Sie schon einmal Gruppen geleitet, die Sie zu einem bestimmten Ziel führen mussten? Wie sind Sie vorgegangen?
	Wie würden Sie vorgehen, um bestimmte Unternehmensziele zu erreichen und dabei alle Mitarbeiter zu motivieren?
	Auf welche besonderen Probleme sind Sie während Ihrer Berufstätigkeit gestoßen? Wie haben Sie diese gelöst?
	Schildern Sie bitte das zuletzt von Ihnen gelöste Problem.
	Wie führten Sie in Ihrer Abteilung Entscheidungen herbei?
	Wie lösen Sie ein fachübergreifendes Problem?
	Wie gehen Sie vor, wenn Sie Ihr Vorgesetzter vor neue Aufgaben stellt?
	Waren Sie oft mit organisatorischen Änderungen konfrontiert? Wie sah das aus und wie sind Sie vorgegangen?
	Nennen Sie bitte ein Beispiel, wo Sie sich schnell auf eine veränderte Situation einstellen mussten. Wie sind Sie vorgegangen?
	Wie lösen Sie das Problem, wenn Sie merken, dass Sie mit Ihrer Arbeit nicht fertig werden?
	Wie haben Sie sich auf Prüfungen vorbereitet (Gruppe/einzeln)? Wie kamen die Gruppen zustande? Welche Rolle haben Sie gespielt? Gab es Außenseiter? Wie fühlten Sie sich in der Gruppe?
	Jeder musste schon einmal mit schwierigen Menschen zusammenarbeiten. Beschreiben Sie bitte einen solchen Fall. Warum war die Person schwierig? Wie sind Sie damit umgegangen?
	Welche Rolle nehmen Sie in einem Team ein?
	Was bedeutet es für Sie, mit anderen Menschen zusammenzuarbeiten?
	Wie haben Sie reagiert, als zuletzt entgegen Ihrer Meinung eine Entscheidung getroffen wurde?
	Wie setzen Sie Ihren Standpunkt durch?

Tab. 7.2 (Fortsetzung)

Kriterium	Fragen
28. Durch-setzungs-vermögen	Bei einer Besprechung stellen Sie fest, dass die Mehrzahl der Teilnehmer anderer Auffassung ist. Wie reagieren Sie?
	Was haben Sie in Ihrem letzten Job besonders durchgesetzt?
	Schildern Sie bitte Situationen, wo Sie sich in der Vergangenheit gegen Widerstände durchgesetzt haben. Wie sind Sie vorgegangen?
29. Kreativität	Wie sehen Ihre beruflichen Zielvorstellungen aus?
	Welche Chancen/Risiken sehen Sie für unsere Firma in der Zukunft?
	Was war die größte Herausforderung Ihres Lebens?
	Wie gehen Sie vor, wenn Ihr Vorgesetzter Sie vor eine neue Aufgabe stellt?
	Was verstehen Sie unter Kreativität?
	Gibt es originelle Ideen, auf die Sie besonders stolz sind?
	Nennen Sie ein Beispiel, wo Sie Verbesserungsvorschläge anbringen konnten.
	Wie überzeugen Sie mich, Ihr Hobby auszuüben?
	Wie würden Sie Ihr Büro gestalten, wenn Sie in Ihrer Entscheidung völlig frei wären?
	Warum sollte ich gerade Sie einstellen?
	Was macht Sie im Verhältnis zu anderen Menschen einmalig?
	Welche Möglichkeiten der Ideenfindung kennen Sie?
30. Dominanz	Welche Charaktere finden Sie eher schwieriger?
	Was ist für Sie wesentlich beim Umgang mit bzw. bei der Führung von Menschen?
	Wie verschaffen Sie sich Respekt bei Ihren Kollegen?
	Wie beschreiben Sie Ihren idealen Vorgesetzten?
	Wie würden Sie Ihren momentanen/letzten Vorgesetzten beschreiben?
	Welche besonderen Leistungen haben Sie während Ihrer Berufstätigkeit erbracht? Wie haben Sie diese Leistungen erbracht?
	Auf welche besonderen Probleme sind Sie während Ihrer Berufstätigkeit gestoßen? Wie haben Sie diese gelöst?
	Schildern Sie bitte das zuletzt von Ihnen gelöste Problem.
	Wie führten Sie in Ihrer Abteilung Entscheidungen herbei?
	Wie haben Sie sich auf Prüfungen vorbereitet (Gruppe/einzeln)? Wie kamen die Gruppen zustande? Welche Rolle haben Sie gespielt? Gab es Außenseiter? Wie fühlten Sie sich in der Gruppe?
	Jeder musste schon einmal mit schwierigen Menschen zusammenarbeiten. Beschreiben Sie bitte einen solchen Fall. Warum war die Person schwierig? Wie sind Sie damit umgegangen?
	Welche Rolle nehmen Sie in einem Team ein?
	Was bedeutet es für Sie, mit anderen Menschen zusammenzuarbeiten?
	Wie haben Sie reagiert, als zuletzt entgegen Ihrer Meinung eine Entscheidung getroffen wurde?
	Welche Ihrer Ideen konnten Sie in Ihrem Unternehmen verwirklichen?

Tab. 7.2 (Fortsetzung)

Kriterium	Fragen
30. Dominanz	Wie setzen Sie Ihren Standpunkt durch?
	Bei einer Besprechung stellen Sie fest, dass die Mehrzahl der Teilnehmer anderer Auffassung ist. Wie reagieren Sie?
	Was haben Sie in Ihrem letzten Job besonders durchgesetzt?
	Schildern Sie bitte Situationen, in denen Sie sich in der Vergangenheit gegen Widerstände durchgesetzt haben. Wie sind Sie vorgegangen?
	Wir suchen einen kritisch denkenden Mitarbeiter – was stellen Sie sich darunter vor?
	Welchen Führungsstil bevorzugen Sie?
	Wie motivieren Sie Ihre Mitarbeiter?
	Wie glauben Sie, sich in das neue Team integrieren zu können?
	Was war der Anlass zur letzten Konfrontation mit Vorgesetzten/Mitarbeitern und wie haben Sie das Problem gelöst?
	Was machen Sie, wenn Sie anderer Meinung sind als Ihre Mitarbeiter?
	Wie würden Sie vorgehen, um bestimmte Unternehmensziele zu erreichen und dabei alle Mitarbeiter zu motivieren?
	Wie bringen Sie einen faulen und aufmüpfigen, aber beliebten Mitarbeiter dazu, bessere Leistungen zu bringen?
	Was machen Sie bei fehlerhafter Arbeit Ihrer Mitarbeiter?
	Was gehört für Sie zu einem guten Betriebsklima?
	Wie bringen Sie jemanden dazu etwas zu tun, was er/sie nicht tun will?
	Wie überzeugen Sie mich davon, Ihr Hobby auszuüben?
	Ist es wichtig für Sie, eine verantwortungsvolle Tätigkeit zu übernehmen? Warum ist das für Sie wichtig?
31. Ausgeglichenheit	Welche Bedeutung hat Familie für Sie?
	Wie schaffen Sie ein Gleichgewicht zwischen Arbeit und Familie?
	Was ist für Sie Stress und wie gehen Sie damit um?
	Sind Sie nicht auch der Meinung, dass Sie für diesen Job überqualifiziert/unterqualifiziert sind?
	Welche Charaktere finden Sie eher schwieriger?
	Welche besonderen Leistungen haben Sie während Ihrer Berufstätigkeit bisher erbracht? Wie haben Sie das gemacht?
	Auf welche besonderen Probleme sind Sie während Ihrer Berufstätigkeit bisher gestoßen? Wie haben Sie diese Probleme gelöst?
	Wie gehen Sie vor, wenn Sie mehrere Aufgaben gleichzeitig zu erledigen haben?
	Sind Sie es gewohnt, unter Leistungsdruck zu arbeiten?
	Geraten Sie gelegentlich unter Zeitdruck? Worauf führen Sie das zurück?
	Wie stehen Sie zu nicht erledigten Arbeiten?
	Wie reagieren Sie, wenn Sie unter Zeitdruck geraten?
	Was verstehen Sie unter persönlicher Belastbarkeit?

Tab. 7.2 (Fortsetzung)

Kriterium	Fragen
31. Ausgeglichen- heit	Schildern Sie bitte eine Situation aus der jüngsten Vergangenheit, in der Sie sich ungerecht behandelt fühlten.
	Waren Sie oft mit organisatorischen Änderungen konfrontiert? Wie sah das aus und wie sind Sie vorgegangen?
	Was belastet Sie beruflich am meisten? Wie werden Sie damit fertig?
	Was war Ihr bisher schwerster beruflicher Konflikt? Wie haben Sie ihn bewältigt?
	Nennen Sie bitte ein Beispiel, wo Sie sich schnell auf eine veränderte Situation einstellen mussten. Wie sind Sie vorgegangen?
	Was war der Anlass zur letzten Konfrontation mit Vorgesetzten/Mitarbeitern und wie haben Sie ihn gelöst?
	Wie haben Sie reagiert, als Sie das letzte Mal eine Fehlentscheidung getroffen haben?
	Wie lösen Sie das Problem, wenn Sie merken, dass Sie mit Ihrer Arbeit nicht fertig werden?
32. Freundlichkeit	Wie würden Sie Ihre Beziehung zu den Kollegen in anderen Abteilungen beschreiben?
	Wie reagieren Sie auf unberechtigte Kritik?
	Schildern Sie bitte eine für Sie neue und ungewohnte Situation. Wie haben Sie sich in dieser Situation verhalten?
	Wie haben Sie Ihre Entscheidung für Ausbildung und Beruf getroffen?
	Welches berufliche Ziel haben Sie?
	Was kann Sie besonders begeistern?
	Welche Tätigkeit übten Sie neben Ihrem Studium aus?
	In welchem Umfang pflegen Sie soziale Kontakte?
	Was bedeutet es für Sie, mit anderen Menschen zusammenzuarbeiten?
	Welchen Führungsstil bevorzugen Sie?
	Wie beginnen Sie Kontakt zu Fremden?
	In welchen anderen Branchen können Sie sich vorstellen tätig zu sein?
	Welche Hobbys haben Sie?
	Bei einer Besprechung stellen Sie fest, dass die Mehrzahl der Teilnehmer anderer Auffassung ist. Wie reagieren Sie?
	Wie motivieren Sie Ihre Mitarbeiter?
	Wie glauben Sie, sich in das neue Team integrieren zu können?
	Was machen Sie, wenn Sie anderer Meinung sind als Ihre Mitarbeiter?
	Was gehört für Sie zu einem guten Betriebsklima?
	Was würden Sie tun, wenn Sie heute noch einmal beginnen könnten?
	Was war das Ungewöhnlichste, das Sie in Ihrem Leben getan haben?
	Wie reagieren Sie auf unvorhergesehene Änderungen?

Tab. 7.2   (Fortsetzung)

Kriterium	Fragen
33. Wort-gewandtheit	Wie reagieren Sie auf unberechtigte Kritik?
	Sind Sie nicht auch der Meinung, dass Sie für diesen Job überqualifiziert/unterqualifiziert sind?
	Bitte verkaufen Sie mir dieses Fahrzeug (… diese Kaffeetasse o. Ä.).
	Bei einer Besprechung stellen Sie fest, dass die Mehrzahl der Teilnehmer anderer Auffassung ist. Wie reagieren Sie?
	Schildern Sie bitte das zuletzt von Ihnen gelöste Problem.
	Wie führten Sie in Ihrer Abteilung Entscheidungen herbei?
	Wie bringen Sie jemanden dazu etwas zu tun, was er/sie nicht tun will?
	Jeder musste schon einmal mit schwierigen Menschen zusammenarbeiten. Beschreiben Sie bitte einen solchen Fall. Wie sind Sie damit umgegangen?
	Schildern Sie bitte Situationen, in denen Sie sich in der Vergangenheit gegen Widerstände durchgesetzt haben. Wie sind Sie vorgegangen?
	Was bedeutet es für Sie, mit anderen Menschen zusammenzuarbeiten?
	Wie überzeugen Sie mich davon, Ihr Hobby auszuüben?
	Welche Ihrer Ideen konnten Sie in Ihrem Unternehmen verwirklichen?
	Wie setzen Sie Ihren Standpunkt durch?
34. Zuverlässigkeit	Wie kontrollieren Sie die Arbeitsergebnisse Ihrer Mitarbeiter?
	Es zeichnet sich ab, dass Ihr Mitarbeiter eine Terminsache nicht rechtzeitig fertig bekommt. Wie verhalten Sie sich?
	In welcher Weise halten Sie Vereinbarungen fest?
	Unter welchen Umständen könnte ein Wechsel in eine ganz neue Branche für Sie interessant sein?
	Was halten Sie von Gruppenentscheidungen?
	Wie kontrollieren Sie Ihre Arbeitsergebnisse?
	Arbeiten Sie lieber im Konzern oder in einem kleineren Unternehmen? Warum?
	Wie führten Sie Entscheidungen in Ihrer Abteilung herbei?
	Auf welche Sozialleistungen Ihres Arbeitgebers legen Sie besonderen Wert?
	Unter welchen Umständen würden Sie bei Ihrem heutigen Arbeitgeber kündigen, ohne einen neuen Arbeitsvertrag in der Tasche zu haben?
	Welchen Führungsstil bevorzugen Sie?
	Wie haben Sie Informationsaustausch mit Mitarbeitern praktiziert?
	Wie steuern und kontrollieren Sie Ihre Mitarbeiter?
	Ihr Mitarbeiter hat eine äußerst wichtige Aufgabe vermasselt. Unter welchen Umständen würden Sie ihn nochmals mit einer sehr wichtigen Aufgabe betrauen?

Tab. 7.2 (Fortsetzung)

Kriterium	Fragen
35. Urteils-vermögen	Wie motivieren Sie sich? Was motiviert Sie?
	Beschreiben Sie eine Situation, in der Sie sich gegen deutliche Widerstände durchgesetzt haben.
	Welche Qualifikationen sind Ihrer Meinung nach wichtig für diese Position?
	Was bedeutet für Sie selbstständiges Arbeiten?
	Wie haben Sie bei Ihrem letzten Arbeitgeber Entscheidungen getroffen?
	Was haben Sie aus Ihren Fehlern gelernt?
	Auf welchen Gebieten würden Sie sich besonders gerne verbessern? Warum?
	Sind Sie nicht auch der Meinung, dass Sie für diesen Job überqualifiziert/unterqualifiziert sind?
	Beschreiben Sie eine Konfliktsituation und wie Sie sich in ihr verhalten haben.
	Wie gehen Sie mit schwierigen Kollegen um?
	Wie werden Sie von Ihren Mitmenschen eingeschätzt (positiv und negativ)?
	Wie charakterisieren Sie sich selbst?
	Worin liegen Ihre Stärken?
	Welche Schwächen haben Sie?
	Wie reagieren Sie auf unberechtigte Kritik?
	Was zeichnet Sie besonders gegenüber anderen aus?
	Was würden Sie gerne an sich verbessern/verändern?
	Wie würde Ihr letzter Chef Sie beschreiben?
	Wie ist Ihr erster Eindruck von unserer Firma?
	Was wissen Sie über unsere Marktsituation?
	Welche Chancen/Risiken sehen Sie für unsere Firma in der Zukunft?
	Was wissen Sie über unsere Konkurrenz?
	Warum wollen Sie in unserer Firma arbeiten?
	Wie würden Sie Ihre Beziehung zu den Kollegen in anderen Abteilungen beschreiben?
	Was stellen Sie sich unter Ihrem zukünftigen Arbeitsgebiet vor?
	Schildern Sie bitte eine für Sie neue und ungewohnte Situation. Wie haben Sie sich in dieser Situation verhalten?
	Was für langfristige Ziele haben Sie? Wie stellen Sie sich deren Verwirklichung vor?
	Beschreiben Sie eine Situation, in der Sie eine weitreichende Entscheidung treffen mussten.
	Wie gehen Sie vor, wenn Sie mehrere Aufgaben gleichzeitig zu erledigen haben?
	Wie kontrollieren Sie Ihre Arbeitsergebnisse?
	Wie reagieren Sie, wenn Sie unter Zeitdruck geraten?
	Was ist für Sie wichtiger – etwas termingerecht fertigzustellen oder es „richtig zu machen"?

Tab. 7.2 (Fortsetzung)

Kriterium	Fragen
35. Urteils-vermögen	Wie lösen Sie ein (fachübergreifendes) Problem?
	Warum haben Sie sich auf diesen Fachbereich spezialisiert?
	Auf was legen Sie Wert im Beruf?
	Welches berufliche Ziel haben Sie?
	Warum haben Sie sich für dieses Studium/diese Ausbildung entschieden?
36. Integrität	Wie beschreiben Sie Ihren idealen Vorgesetzten?
	Wie würden Sie Ihren momentanen/letzten Vorgesetzten beschreiben?
	Was zeichnet einen guten Manager aus?
	Was haben Sie aus Ihren Fehlern gelernt?
	Wie verschaffen Sie sich Respekt bei Ihren Kollegen?
	Wie sind Sie mit einer bedeutenden Veränderung bei Ihrem letzten Arbeitgeber umgegangen?
	Bezeichnen Sie sich als eine Führungspersönlichkeit? Warum?
	Was verstehen Sie unter einem integren Verhalten?
	Welche Bedeutung hat der Begriff Loyalität für Sie?
	Nennen Sie mir ein Beispiel, wo Sie sich besonders integer verhalten haben.
	Wann bezeichnen Sie einen Kollegen als nicht mehr integer? Bitte geben Sie mir ein Beispiel.
	Glauben Sie, dass in der heutigen, schnelllebigen Zeit Integrität und Loyalität überhaupt noch wichtig sind? Warum?
	Gibt es für Sie einen Unterschied zwischen Integrität und Loyalität?
	Warum sind Ihrer Meinung nach Mitarbeiter heutzutage nicht mehr so integer wie noch vor zehn Jahren?
	Geben Sie ein Beispiel, wann Sie an Ihrem direkten Vorgesetzten vorbei dessen Vorgesetzten über ein Fehlverhalten Ihres Chefs informieren?
	Ihr Vorgesetzter hat eine Fehlentscheidung getroffen, die Ihr Unternehmen EUR 20.000,– kosten kann. Wie verhalten Sie sich? Ihr Vorgesetzter sieht seinen Fehler nicht ein …

7.1.4   Beispiel eines Frage-Leitfadens

In Tab. 7.3 soll ein fiktiver Interview-Leitfaden exemplarisch dargestellt werden, dessen Inhalt den bereits aufgezeigten Hard-Skills- und Soft-Skills-Fragen entnommen wurde. In die freien Zeilen können vertiefende Fragen eingetragen werden, die sich während des Interviews ergeben.

In dem Beispiel wird angenommen, dass für die Erfüllung der Aufgabe und das Erreichen der Ziele die Soft-Skills-Kriterien

* Führungsfähigkeit (Nr. 17),
* Stressstabilität (Nr. 19),
* Ergebnisorientierte Einstellung (Nr. 20),
* Selbstmotivation (Nr. 22),
* Urteilsvermögen (Nr. 35)

in der Briefing-Vorgabe jene fünf Aspekte waren, die ohne Einschränkung zu erfüllen sind. Weiter oben wurde bereits darauf hingewiesen, dass nicht mehr als fünf Kriterien als „muss haben/sein" vorgegeben werden sollten. Eine höhere Anzahl ist in einem Interview kaum verlässlich zu ergründen. Des Weiteren zwingt sie den Briefing-Ersteller eine deutliche Abgrenzung vorzunehmen und Entscheidung zu treffen, denn allzu gerne soll der neue Mitarbeiter weitestgehend alle Kriterien erfüllen – was einer Suche nach der „eierlegenden Wollmilchsau" gleichkäme.

Tab. 7.3 Frage-Leitfaden

Bewerber	Datum	Ort
Angestellt ☐	Freigestellt ☐	Gekündigt ☐

1. AUS- UND WEITERBILDUNG	
Sie haben eine Ausbildung als .... Warum haben Sie sich für diese Ausbildung entschieden?	
Würden Sie sich heute wieder für Ihre Ausbildung entscheiden?	
Was haben Sie in der letzten Zeit für Ihre Weiterbildung getan?	

2. WERDEGANG	
Beschreiben Sie Ihren beruflichen Werdegang	

3. BERUFSERFAHRUNG	
Welche Aufgaben hatten Sie bei der Firma ....?	
Welche praktischen Fertigkeiten und Kenntnisse haben Sie bei Ihrer letzten Firma erworben?	

Tab. 7.3 (Fortsetzung)

Was gefällt Ihnen an Ihrer momentanen Stelle?	
4. UMFELD UND REFERENZEN	
Welchen Beruf hat Ihre Frau?	
Wie alt sind Ihre Kinder?	
Welche Probleme könnten sich bei einem Umzug ergeben, z. B. mit Frau oder Schule der Kinder?	
Welche Interessen/Hobbys haben Sie?	
Telefonnummer der Eltern:	
5. FÜHRUNGSFÄHIGKEIT	
Welchen Führungsstil bevorzugen Sie und warum?	
Wie steuern und kontrollieren Sie Ihre Mitarbeiter?	
Welche Erfahrungen haben Sie in der Mitarbeiterführung?	
Wie bringen Sie einen faulen und aufmüpfigen, aber beliebten Mitarbeiter dazu, bessere Leistungen zu bringen?	
Was war der Anlass zur letzten Konfrontation mit Mitarbeitern? Wie haben Sie das Problem gelöst?	
6. STRESSSTABILITÄT	
Auf welche besonderen Probleme sind Sie während Ihrer Berufstätigkeit bisher gestoßen? Wie haben Sie diese Probleme gelöst?	
Was belastet Sie beruflich am meisten? Wie werden Sie damit fertig?	
Was ist für Sie negativer Stress? Wie gehen Sie damit um?	
Schildern Sie bitte eine Situation aus der jüngsten Vergangenheit, in der Sie sich ungerecht behandelt fühlten.	

Tab. 7.3 (Fortsetzung)

7. ERGEBNISORIENTIERTE EINSTELLUNG	
Was befähigt Sie zu dieser Position?	
Warum haben Sie sich für diese Ausbildung/dieses Studium entschieden?	
Wie gehen Sie vor, wenn Sie mehrere Aufgaben gleichzeitig zu erledigen haben?	
Erläutern Sie Ihre Strategie einer Kontaktaufnahme zu einem Neukunden.	
8. SELBSTMOTIVATION	
Welche Ihrer Ideen konnten Sie in Ihrem Unternehmen verwirklichen?	
Wie verkaufen Sie ein Produkt, von dem Sie selbst nicht überzeugt sind?	
Wie motivieren Sie sich? Wie werden Sie motiviert?	
Was haben Sie im Rahmen Ihrer Aufgaben verändert?	
9. URTEILSVERMÖGEN	
Beschreiben Sie eine Situation, in der Sie eine weitreichende Entscheidung treffen mussten.	
Wie reagieren Sie, wenn Sie unter Zeitdruck geraten?	
Wie lösen Sie ein fachübergreifendes Problem?	
Auf was legen Sie Wert im Beruf?	

Achten Sie während des Interviews darauf, dass Sie die Fragen nicht so hintereinander abarbeiten, wie Sie dies in Ihrem Gesprächsleitfaden festgehalten haben. Ein guter Kandidat hat schnell erkannt, was hinter den Fragen steht und was der eigentliche Grund ist. Mischen Sie deshalb v. a. die Fragen der Soft Skills während des Interviews!

7.2 Die Interview-Durchführung

Der Kandidat sollte von einem Mitarbeiter abgeholt und in den Besprechungsraum geführt werden. Bitte befragen Sie Ihren Kollegen nach dem Interview, welchen Eindruck er von dem Kandidaten hatte und wie sich dieser verhielt (welche Umgangsformen besitzt er, kann er einen Small Talk führen, kann er sich in der kurzen Zeit der Begleitung auf den Kollegen einstellen u. a. m.). Ein diskrepantes Auftreten kann hierbei nicht nur interessant, sondern auch aufschlussreich sein.

Sie sollten sich zum Interview bereits in dem Besprechungsraum befinden, wenn der Kandidat hereingebracht wird. Dadurch ist die Sitzordnung direkt festgelegt, und es müssen nicht erst lange Gläser oder Tassen hin- und hergeschoben werden, was bei einem Kandidaten schnell den Eindruck eines unorganisierten Verhaltens des Gesprächspartners bzw. des Unternehmens hinterlässt.

Treten Sie dem Kandidaten gegenüber selbstbewusst auf und entspannen Sie die Atmosphäre mit einigen freundlichen Begrüßungsworten. Bereits an dieser Stelle können Sie sich einen ersten Eindruck von dem Kandidaten machen durch Fragen wie: „Haben Sie gut zu uns gefunden?" (d. h. ist er bei der Planung der Anreise zielorientiert vorgegangen?), „Sind Sie mit dem Auto oder mit der Bahn gekommen?" (warum hat er Auto bzw. Bahn gewählt bzw. hat er vielleicht keinen Führerschein mehr?), „Wie war die Anfahrt?" (sieht er Probleme eher locker oder lamentiert er sofort über z. B. das Verkehrsaufkommen oder den Service der Bahn?).

Vermeiden Sie auf jeden Fall Fragen wie: „Wo kommen Sie her?" Das lässt vermuten, dass Sie die Unterlagen der Kandidaten nicht besonders aufmerksam und interessiert gelesen haben. Auch sollte man sich den Plattitüden-Austausch zur allgemeinen Wetterlage ersparen. Beobachten Sie den Bewerber genau in seinen Verhaltensweisen. Wirft er seinen Mantel bzw. seine Tasche elegant, aber ungefragt auf einen Stuhl, oder wartet er bis man ihm das Kleidungsstück abnimmt bzw. einen Platz anbietet – und wie reagiert er in dieser Situation. Bedankt er sich mit den Worten: „Das mach' ich schon, danke" oder folgt er dem Angebot – vielleicht auch ohne Dankesformel.

▶   **PROFI-TIPP**
    In dieser Phase des Gespräches hat der Kandidat noch nicht den Eindruck, dass das Interview bereits begonnen hat. Umso offener (und ehrlicher) wird er in seinem Verhalten sein.

Stellen Sie sich und die weiteren Teilnehmer des Unternehmens vor. Erläutern Sie deren Funktion und warum sie an dem Gespräch teilnehmen. Ein bewusst genuschelter und unverständlich ausgesprochener Name eines Unternehmens/Mitarbeiters gibt Aufschlüsse über die Reaktion des Kandidaten: Übergeht er die Situation und nimmt in Kauf, mit einem „Nobody" während des Interviews zu sprechen, oder fragt er höflich nach. Der eine oder andere geneigte Leser wird solchen Verhaltensweisen zu Recht kritisch gegenüberstehen.

Es zeigt sich aber in der Praxis, dass sie sich sehr häufig als weiterer Mosaikstein bei der Gewinnung eines Gesamtbildes bewährt haben.

Legen Sie nun den Zeitplan und den Ablauf des Interviews dar. Die durchschnittliche Dauer beträgt in aller Regel eine bis eineinhalb Stunden. Die Reihenfolge der Inhalte sollte darin bestehen, dass sich der Kandidat zuerst vorstellt. Daran anschließend wird das Unternehmen vorgestellt und schlussendlich beantwortet man spezielle Fragen des Kandidaten – wenn er sie nicht bereits vorher gestellt hat.

Hüten Sie sich vor dem gerne gemachten Fehler, das Unternehmen und die Aufgaben zuerst darzustellen! Es ist immer wieder zu erleben, dass sich Vorgesetzte darüber freuen – und die Situation auch nicht ungenutzt verstreichen lassen –, um sich und ihr Unternehmen deutlich positiv darzustellen. Endlich hat der Unternehmensvertreter jemanden, der ihm zuhören muss! Ein gewiefter Kandidat erkennt schnell anhand der getroffenen Aussagen, worauf es dem Interviewer ankommt, und wird seine Eigendarstellung entsprechend überzeugend anpassen.

Nach der Vorstellung erhält der Kandidat deshalb die Möglichkeit, sich und seinen Lebenslauf zuerst darzustellen bzw. die oben erwähnte Präsentation. Unterbrechen Sie ihn, wenn etwas unklar oder sogar fehlerhaft (z. B. im Verhältnis zu den schriftlichen Unterlagen) dargestellt ist. Fragen Sie dabei auch nach zeitlichen Aspekten, wie der Dauer des Studiums, der Dauer eines Beschäftigungsverhältnisses, oder nach Abschlussnoten. Es ist immer wieder erstaunlich, wie viele Kandidaten ihren eigenen Lebenslauf nicht oder nur bedingt kennen. Deutlich vertiefende Fragen, um insbesondere die im Briefing vorgegebenen Aspekte zu hinterfragen, sollten in dieser Phase nur begrenzt eingesetzt werden, um die Eigendarstellung des Bewerbers nicht zu zerreißen, sondern zu erkennen, wie sich ein Bewerber „verkauft". Hierzu ist es jedoch unabdingbar nicht nur hinzuhören, sondern vor allem aktiv zuzuhören.

7.2.1   Das aktive Zuhören

Das aktive Zuhören gehört mit zu den schwierigsten Teilen des Interviews. Allzu gerne lässt man sich durch Nebensächlichkeiten ablenken, durch positive Gesprächsaspekte subjektiv beeinflussen oder durch kurze Phasen der Unkonzentriertheit zu einem falschen Urteil verleiten. Und während des Zuhörens muss man darüber hinaus gleichzeitig die nächste Frage vorbereiten!

Unterziehen Sie sich bei Gelegenheit doch einmal einem Test und lassen Sie sich den folgenden Text vorlesen. Danach prüft der Vorleser durch Fragen, inwieweit Sie das Gehörte auch wirklich aufgenommen haben.

Es war ein wunderschöner Frühlingstag. Die ersten wärmenden Sonnenstrahlen drangen tief in die Seele der Menschen, die seit Wochen mit Schnee, eisiger Kälte und Dunkelheit gekämpft hatten. Frau Grün freute sich heute in ihre Firma Gall zu gehen, wo sie jetzt seit 19 Jahren tätig ist. Sie hatte hier auch ihre Ausbildung zur Industriekauffrau erfolgreich abgeschlossen. Als sie ihren Arbeitsplatz an diesem sonnigen Morgen erreichte, fand sie einen verschlossenen Umschlag der Personalabteilung vor. Mit etwas zittrigen Fingern öffnete sie ihn und las, dass sie um 11:00 Uhr dort erscheinen sollte. Sofort rief sie ihre Freundin in der Personalabteilung an, ob sie ihr vielleicht sagen könne, um was es gehe. Leider konnte sie ihr nicht weiterhelfen, da sie nichts davon gehört hätte. Gedankenversunken und nicht in der Lage, sich auf ihre Arbeit zu konzentrieren, starrte sie auf die kleine Uhr auf dem Schreibtisch. Vermutungen, Spekulationen und Vorahnungen schossen ihr durch den Kopf. War der Inhalt des Gespräches ein positiver oder hatte sie Negatives zu erwarten? Als sie sich kurz vor 11:00 Uhr auf den Weg machte, fühlte sie sich alles andere als wohl.

Herr Grau, der stellvertretende Personalleiter, empfing sie nach 10 Minuten Wartezeit. Ohne Umschweife kam er auf das Thema Entlassung zu sprechen. Frau Grün sei in der Vergangenheit eine gute und verlässliche Arbeitskraft gewesen, aber die Unternehmensleitung habe sich dazu entschlossen, ihre Abteilung komplett outzusourcen. Er erklärte ihr dezidiert, wie die Trennungsmodalitäten aussehen könnten und dass man für alle Beteiligten eine Win-win-Situation herstellen wolle. Frau Grün hörte aber alles nur noch wie durch eine Nebelwand. Die Stimme ihres Gegenübers klang für sie wie aus einer anderen Sphäre. Seine Worte: „So, das war's dann", brachten sie in das Hier und Jetzt zurück. Leicht schlotternd verließ sie die Abteilung und sah beim Hinausgehen, wie ihre Freundin den Blick senkte. Frau Grün ging zurück in ihre Abteilung und wollte ihren Vorgesetzten sprechen. Die Sekretärin teilte ihr mit, dass der Chef jetzt keine Zeit hätte. Enttäuscht und zugleich unglaublich wütend schnappte sie ihre persönlichen Sachen und verließ umgehend das Büro. Sie war sich sicher, dass ihr Arzt sie für eine längere Zeit krankschreiben würde.

So weit die Darstellung. Prüfen Sie nun die Behauptungen nach den Kriterien: richtig, falsch oder keine Aussage.

- Ihre Freundin wusste, dass Frau Grün gekündigt werden sollte.
- Der Vorgesetzte von Frau Grün hatte keine Zeit, da er eine Besprechung hatte.
- Frau Grün war seit über 15 Jahren in der Firma.
- Frau Grün öffnete den Brief der Personalabteilung mit einer Schere.
- Als Frau Grün in die Firma ging, war es Frühlingsanfang.
- Ihre Freundin in der Personalabteilung konnte ihr weiterhelfen.
- Sie war die Ruhe selbst, als sie den Brief der Personalabteilung öffnete.
- Frau Grün verließ ihr Büro wie immer um 17:00 Uhr.
- Frau Grün hatte eine kleine Uhr auf ihrem Schreibtisch.

- Herr Grau ist der stellvertretende Personalleiter.
- Herr Grau empfing sie sofort.
- Die Abteilung von Frau Grün sollte verkleinert werden.
- „So, das war's dann" gesagt von Herrn Grau waren seine letzten Worte gegenüber Frau Grün.
- Die Firma von Frau Grün heißt Gall.
- Frau Grün hatte um 11:00 Uhr einen Termin in der Personalabteilung.

Die Lösungen finden Sie in Kap. 8

… und, überrascht Sie Ihr Ergebnis? Dieses war jedoch ein einfacher Test, da er nur das Zuhören betraf.

Wenn es jedoch nicht nur darum geht, einen Text bestmöglich in Erinnerung zu behalten, sondern auch weitere Signale wie Gestik, Mimik, Sprechweise etc. aufzunehmen – wie es bei einem Interview der Fall ist –, so heißt dies, dass in der Regel mehrere Aspekte gleichzeitig zu berücksichtigen sind. Deshalb auch der Ratschlag, das Interview zu zweit durchzuführen.

Daneben können einige der folgenden Anregungen eine Hilfestellung sein, um ein besseres Urteil zu erhalten.

- Filtern Sie das Interessante heraus und überlegen Sie, was vielleicht dahinterstecken könnte. Eine Bemerkung wie: „… und dann habe ich das Unternehmen innerhalb der Probezeit wieder verlassen" verlangt nach Klärung. Hat er aus Eigeninitiative das Unternehmen verlassen; hat man ihm gekündigt; was waren die Gründe; hätte er diese bei gründlicher Recherche bereits vorher erkennen können; warum war die Recherche nicht ausreichend/schlecht; welche Aspekte hatten sich in der Zeit vom Vorstellungsgespräch bis zur Kündigung geändert etc.
- Lassen Sie sich auf Ihren Gesprächspartner ein und drücken Sie dies durch die eigene Körperhaltung aus. So sind zum Beispiel Kopfschütteln, Grinsen oder häufiges „An-dem-Kandidaten-Vorbeischauen" äußerst ungeeignet, eine positive Gesprächsatmosphäre herzustellen. Ein freundliches Nicken, ein Lächeln und/oder eine verbale kurze Rückmeldung (aha; ja; mmhh etc.) sind hier ebenso wichtig und angebracht wie ein guter Blickkontakt. Diese Rückmeldungen zeigen dem Kandidaten, dass man an seinen Ausführungen interessiert ist.
- Halten Sie sich mit der eigenen Meinung zurück. Auch wenn man der festen Überzeugung ist, dass der Kandidat mit seinen Ansichten unrecht hat. Glaubensgrundsätze sollten nie in einem Interview diskutiert werden – es sei denn, man will den Kandidaten bewusst auf die Probe stellen. Zuhören bedeutet nicht gutheißen.
- Interpretieren Sie nicht die Aussagen des Kandidaten. Hierdurch entstehen sehr oft Missverständnisse, die dann zu Fehlurteilen führen können. Registrieren und notieren Sie nur das, was tatsächlich gesagt wurde bzw. zu beobachten ist (dies gilt insbesondere für die Beobachter eines Assessment-Centers).

- Achten Sie auf Ihre eigenen Gefühle – und halten Sie diese im Zaum. Vom höchst Sympathischen bis zum Unangenehmen, vom Reservierten bis zum nervig Extrovertierten, vom Taktiker bis zum Offenherzigen – alle Kandidaten können Ihre Gesprächspartner sein. Sie werden in eineinhalb Stunden niemanden verändern können – versuchen Sie es deshalb erst gar nicht.
- Erkennen Sie die Gefühle des Kandidaten und sprechen Sie diese an, wenn es zielführend ist. Ein Eingehen auf diese Ebene bringt häufig bessere und verwertbarere Ergebnisse als ein rein sachliches und formales Gespräch.
- Haben Sie Geduld und lassen Sie Ihr Gegenüber aussprechen. Geben Sie dem Kandidaten die Möglichkeit, seine Ausführungen darzulegen. Unterbrechen Sie ihn jedoch, wenn er zum wiederholten Male in epischer Breite antwortet. Fordern Sie ihn ruhig auf, auf den Punkt zu kommen, oder wiederholen Sie einfach noch einmal die Frage. Wenn er nach kurzer Zeit wieder in das angesprochene Antwortschema zurückfällt, wissen Sie, was Sie davon zu halten haben – es sei denn, Sie suchen genau einen Kandidaten mit dieser Befähigung.
- Lassen Sie sich durch nichts aus der Ruhe bringen. Bleiben Sie immer souverän und behalten Sie die Gesprächsführung in der Hand, selbst wenn der Kandidat versuchen sollte, Sie aus der Ruhe zu bringen. Und wenn Sie einmal etwas nicht wissen, z. B. zu einem Unternehmens-Detail, geben Sie es ruhig zu – aber liefern Sie die Antwort nach.
- Seien Sie immer bestens auf mögliche Fragen vorbereitet. Leider ist hier bei dem einen oder anderen Headhunter ein deutliches Manko zu konstatieren. Einfachste Sachverhalte sind nicht bekannt oder werden wegen Nichtwissen durch Plattitüden umgangen. Diese Gespräche befinden sich nicht auf identischer Augenhöhe, sondern demaskieren einen wenig engagierten Berater. Prüfen Sie deshalb genau, wie professionell er arbeitet und auf wen Sie sich einlassen, wenn Sie das Projekt extern vergeben!
- Zeigen Sie Empathie und versetzen Sie sich angemessen in die Lage des Kandidaten. Er wird in der Regel zu Beginn des Gespräches noch etwas unsicher sein. Zeigen Sie hierfür Verständnis und überbewerten Sie dies nicht. Anders verhält es sich hingegen, wenn ein dominanter „Ellbogen-Mann" gesucht wird. Dieser darf zu keiner Zeit des Interviews einen unsicheren Eindruck vermitteln.
- Seien Sie flexibel, wenn sich neue Aspekte auftun. Dies könnte der Fall sein, wenn der Kandidat spezielle Kenntnisse, Erfahrungen, Fertigkeiten, Hobbys u. a. m besitzt, die Sie vorher nicht kannten, weil sie vielleicht aus den Unterlagen so nicht ersichtlich waren. Plötzlich erscheint ein Kandidat in einem ganz anderen Licht. Lassen Sie sich darauf ein und klären Sie die neuen Fakten gründlich.
- Halten Sie Gesprächspausen aus. Dieses ist sicherlich eine der schwierigeren Herausforderungen. Sie birgt jedoch ein ungemeines Potenzial, Details zu erfahren, da es Menschen als unangenehm empfinden, wenn absolutes Schweigen herrscht. Viele Kandidaten ergänzen in diesen Momenten ihre Aussagen häufig um weitere und sehr interessante Aspekte. Probieren Sie dies am besten bei der Frage nach den Schwächen (in welcher Form Sie diese auch immer stellen) und reagieren Sie nach den gegebenen Antworten

einfach nicht – weder verbal noch durch Körpersprache. Das Verhalten des Bewerbers wird überraschend und aufschlussreich sein!

- Fragen Sie bei Unklarheiten nach. Verlassen Sie sich im Zweifelsfall nicht auf Vermutungen oder die Annahme, dass Sie etwas richtig verstanden hätten. Klären Sie besser die Punkte eindeutig.

Hier hilft das sogenannte Verbalisieren des aktiven Zuhörens. Darunter wird verstanden, dass der Interviewer die Äußerung des Kandidaten mit eigenen Worten und in kurzer, präziser Form wiedergibt, worauf die Zustimmung bzw. Korrektur des Kandidaten erfolgt. Der Vorteil liegt darin, dass

- der Interviewer so sicherstellen kann, dass nichts eingefügt wird, was nicht gesagt wurde (Eindruck = Ausdruck),
- der Bewerber merkt, dass er richtig verstanden wurde und sich dadurch weiter öffnet,
- der Interviewer seine Aufmerksamkeit, sein Interesse und seine Verstehensqualität beweist.

Hierzu gibt es einige Techniken, die dies ermöglichen:

- **Die Wiedergabetechnik:** Der Umfang einer Aussage kann verändert werden, nicht aber deren Inhalt. Die Rückkoppelung muss gleichwertig und die emotionale Kernaussage muss zutreffend sein. Entsprechende Anfangsformulierungen lauten: „Mit anderen Worten...“, „Sie finden, dass...“ oder „Sie empfinden...“.
- **Die Zusammenfassung:** Sie dient der Straffung bei längeren und vor allem widersprüchlichen Aussagen, sie setzt Orientierungspunkte und spiegelt wesentliche emotionale Aspekte.
- **Die Weiterführungstechnik:** Es handelt sich dabei immer um offene Fragen, die in der Regel eine starke Öffnung und Nachdenklichkeit des Bewerbers zur Folge haben. Formulierungen wie: „Was bedeutet Ihnen das?“, „Was bringt Ihnen das?“, „Was empfinden Sie dabei?“ oder „Ich frage mich gerade, wie viel liegt Ihnen daran?“, sind hierbei typisch.
- **Die Klärungstechnik:** Scheinbar nebensächliche Äußerungen werden auf ihren Inhalt und ihre Bedeutung hin abgefragt. Beispielhaft können hier Formulierungen wie: „Was meinen Sie mit ...?“ oder „Im Prinzip ...“ genannt werden.
- **Die Statement-Technik:** Formulierungen wie: „Sie sind ärgerlich“ oder „Sie machen sich Sorgen“ provozieren deutliche Aussagen über die Emotionen des Bewerbers.

▶ PROFI-TIPP
   Unser Schöpfer hat uns zwei Ohren, aber nur einen Mund gegeben. Er hat sich etwas dabei gedacht!

7.2.2 Die Fragetechnik

Ergänzend zu den vorbereiteten Fragen ergeben sich immer wieder Aspekte, die vertiefend geklärt werden müssen. Deshalb werden im Folgenden die Fragetechnik (vgl. Sabel 2001) und deren Einsatz genauer betrachtet. Wir alle kennen den Ausspruch: „Wer fragt führt". Und das hat nach wie vor seine Berechtigung, da Fragen die Weichenstellungen im Rahmen eines Gespräches sind.

Man erkennt das Denken (Wünsche, Einstellungen, Erwartungen, Erfahrungen, Interessen etc.) eines Kandidaten und bringt ihn zum Reden. Man erhält Informationen, auf denen man aufbauen bzw. aus denen man Schlüsse ableiten kann. Darüber hinaus besitzt man die Gesprächskontrolle und ist in der Lage, lange Monologe zu vermeiden.

Wichtig ist es dabei, dass der Interviewer ein klares Ziel vor Augen hat und genau weiß, was er mit der Frage erreichen will, d. h., sie muss deshalb auch präzise und eindeutig gestellt sein. Um das Verstehen zu erleichtern, sollte man Fremdwörter ebenso vermeiden wie missverständliche Ausdrücke. Auch ein verworrener Satzbau mit verschachtelten Nebensätzen bzw. zu lange Sätze mit Einschiebungen können Ursache für unbefriedigende Antworten sein. Zu schnelles, undeutliches oder mundartliches Sprechen ist ebenfalls wenig hilfreich.

Für die Belange des Interviews sind die folgenden Fragearten am wichtigsten:

Die geschlossene Frage
Die Antwort lautet immer „ja" oder „nein", zum Beispiel: „Waren Sie mit Ihrem Gehalt zufrieden?" Dieser Fragetyp lässt jedoch keinen fließenden Informationsaustausch zu, sondern nimmt häufig den Charakter eines Verhöres an. Vermeiden Sie es deshalb, mehrere geschlossene Fragen hintereinander einzusetzen.

Die offene Frage
Hier hat der Befragte ausreichend Möglichkeit, seine Gedanken zum Thema ausführlich darzustellen. Bei dieser Frageform kann der Kandidat nicht mit „ja" oder „nein" antworten, was ihn dazu zwingt, ausführlicher zu werden. Dieses ist besonders am Anfang eines Gespräches hilfreich oder wenn sich der Bewerber bei einem Thema kurz fasst und Sie nur spärliche Informationen erhalten. Beispiel: „Wie haben Sie damals dieses Problem gelöst?"

Die Ja-Frage
Sie wird von dem Kandidaten normalerweise gerne mit „ja" beantwortet und kann ein Interview dadurch stimulieren. Beispiel: „Erwarten Sie von Ihrem neuen Arbeitgeber gute Weiterbildungsmöglichkeiten?"

Die Informationsfrage
Sie ist die im Bewerbungsgespräch am häufigsten angewendete Fragetechnik und dient dazu, das Wissen über den Gesprächspartner zu vertiefen und den Hintergrund auszuleuchten. Beispiele: „Welche Fachzeitschrift lesen Sie?", „Was sind Ihre Stärken?", „Was sind

Ihre Schwächen?", „Wie sehen Sie Ihre neue Aufgabe?", „Welche Weiterbildungsmöglich-keiten erwarten Sie?", „Welchen Führungsstil bevorzugen Sie?", „Welche Kompetenzen haben Sie?" Beachten Sie auch hier: nicht zu viele Informationsfragen hintereinander stellen, da es sonst leicht wie ein Verhör wirkt.

Die Alternativfrage

Hierbei hat der Gesprächspartner mehrere Möglichkeiten zur Auswahl. Achten Sie aber darauf, dass Ihre Fragestellung nur akzeptable Antworten zulässt. Beispiele: „Möchten Sie den Kaffee schwarz oder mit Milch?" Oder: „Können Sie am 01.04. bei uns anfangen oder kann es auch früher sein?", „Wollen Sie Ihren zukünftigen Arbeitsplatz jetzt oder später nach dem Vorstellungsgespräch sehen?", „Bezeichnen Sie Ihr Führungsverhalten eher als mitarbeiter- oder aufgabenbezogen?" Fragen Sie nicht: „Haben Sie sich nun für uns entschieden oder müssen wir etwa noch weitere Einstellungsgespräche führen?" Oder: „Wollen Sie Ihren neuen Arbeitsplatz sehen oder interessiert Sie das nicht?"

Dieser Fragetyp wird häufig dann eingesetzt, wenn es darum geht, möglichst umfassende Informationen zu erhalten. Stellt ein Bewerber die Frage „Werde ich bei Kunden A oder Kunden B tätig sein?", sollte sich der Interviewer nicht scheuen nachzufragen, ob dies alle Alternativen sind, die sich der Bewerber vorstellen kann. Es gilt der Grundsatz, dass alle sinnhaften Alternativen aufzuzählen sind.

Alternativfragen könnten sonst auch manipulierend oder steuernd eingesetzt werden, wenn sie einen Teil der Möglichkeiten unberücksichtigt lassen. Zum Beispiel: „Sind Sie mit X-Euro Jahresgehalt oder Y-Euro einverstanden?" Der Kandidat hat aber eine Vorstellung von Z-Euro.

Die Suggestivfrage

Suggestivfragen haben immer manipulativen Charakter, wollen beeinflussen. Der Interviewer versucht hierdurch den Bewerber – bewusst oder unbewusst – in eine bestimmte Richtung zu lenken. Äußerungen wie „Sie sind doch auch der Meinung, dass ..." sind leicht als massive Suggestion erkennbar. Es gibt aber andere Fragen, denen man die Suggestivwirkung nicht direkt ansieht. „Wann haben Sie Zeit?", diese Frage impliziert, dass der Befragte generell Zeit hat. Fragt man hingegen: „Haben Sie Zeit?", dann ist auch die Möglichkeit berücksichtigt, dass der Befragte überhaupt keine Zeit hat.

Bekanntermaßen beeinflusst man den Gesprächspartner durch jede Äußerung, die man macht. Speziell beim Bewerbungsinterview liegt die Beeinflussung durch die Situation schon darin, dass der Interviewer gerne die Eignung, d. h. die Stärken und Schwächen des Bewerbers erfahren möchte, dieser aber in einem positiven Licht erscheinen will und deswegen die Betonung seiner Stärken forciert.

Es ist daher in der Regel im Bewerbungsinterview nicht ratsam – zusätzlich zur speziellen Situation des Bewerbungsgespräches –, den Bewerber durch Suggestivfragen zu manipulieren. Eine Rechtfertigung der Verwendung von Suggestivfragen besteht lediglich darin, die Stabilität, mit der eine Meinung vertreten wird, zu überprüfen, oder wenn Feststellungen unvermeidbar erscheinen.

Die typischen Begleitwörter für diesen Fragetypus sind: sicher, doch auch, nicht, wohl. Diese werden in eine geschlossene Frage eingebaut. Weitere Beispiele sind: „Sie sind doch auch der Meinung, dass der Kandidat perfekte englische Sprachkenntnisse besitzen muss?"

Viele Menschen neigen dazu, anderen Menschen die eigene Meinung aufdrängen zu wollen. Vermeiden Sie das als guter Interviewer, wenn dies wie bei den oben genannten Gründen nicht unbedingt notwendig ist!

Insbesondere bei unerfahrenen Mitarbeitern des Unternehmens – z. B. aus der Fachabteilung – ist diese Gefahr groß. Der Vorteil für den Bewerber liegt darin, dass er nur die deutlich vertretene Meinung des Interviewers teilen muss, um einen positiven Eindruck zu hinterlassen.

Kritisch ist es auch, wenn in die Frage bereits die gewünschte Antwort mit hinein formuliert wird. Fragen wie: „Sie müssen viel unterwegs sein. Reisen Sie gern?" Oder: „Sie müssen mobil sein. Ist Ihre Frau dagegen, wenn Sie einmal 2 bis 3 Tage von zu Hause weg sind?", beinhalten wichtige Anforderungen der zu besetzenden Position, und ein „Nein" auf beide Fragen käme einer Selbstdisqualifikation gleich.

Die Erwartungsfrage

Ein weiterer Fragetyp, der deutliche Vorabinformationen enthält, ist die Erwartungsfrage. Hier bringt der Interviewer seine Einstellung und seine Erwartungen bereits in der Frage zum Ausdruck. „Sie haben doch Erfahrung in der Branche X gesammelt, oder?", diese Frage lässt darauf schließen, dass solche Erfahrungen für die angestrebte Stelle benötigt werden. Ein geschickter Bewerber wird aus diesem Grund seine eventuell dürftigen und oberflächlichen Erfahrungen entsprechend zu präsentieren wissen.

Die indirekte Frage

Sie haben bei der Abfassung der Stellenanzeige vergessen zu erwähnen, dass der Bewerber auch den Führerschein Klasse 3 besitzen muss. Um dies im Vorstellungsgespräch nachträglich herauszufinden, fragen Sie den Bewerber „Haben Sie einen guten Parkplatz gefunden?" In den meisten Fällen gibt Ihnen die Antwort indirekt das wieder, was Sie wissen wollten.

Diese Beschreibung unterscheidet sich von der klassischen Definition. Dort wäre die direkte Frage z. B.: „Wie spät ist es?", die daraus abgeleitete indirekte: „Weißt du, wie spät es ist?" Es dürfte jedoch deutlich geworden sein, was in diesem Kontext mit „indirekte Frage" gemeint ist und worauf sie abzielt. Ein weiteres Beispiel soll dieses nochmal verdeutlichen. „Wie groß ist der DB II in der Produktgruppe X?", diese Frage zielt eigentlich darauf ab zu erkennen, ob der Gesprächspartner, der sich z. B. als Nationaler Key-Account-Manager bewirbt, über kaufmännisches Grundwissen verfügt, ob er sich für Zahlen überhaupt interessiert und ob er diese ggf. zu Kundenanalysen heranzieht.

Die rhetorische Frage

Bei dieser Frage wird keine Antwort erwartet, da sie nicht nötig ist. Sie setzt voraus, dass der Angesprochene der gleichen Meinung ist. Weitergehende Informationen wird der Interviewer nur dann erhalten, wenn der Kandidat widerspricht. Ansonsten haben diese Fragen eher „Füll-Charakter". Ein Beispiel: „Wer weiß nicht, dass unser Unternehmen weltweit einen guten Ruf genießt?"

Die vertiefende Frage

Sie gibt Hintergrundinformationen. Beispiele: „Wie meinen Sie das?", „Wie darf ich das verstehen?" Der Gesprächspartner wird gezwungen, seine Aussage zu präzisieren. Hier können Sie als Interviewer wichtige Zusatzinformationen erhalten. So können Sie sich anhand eines Beispiels die detaillierte Vorgehensweise des Kandidaten in einer früheren Situation aufzeigen lassen, seine Beweggründe für ein Verhalten hinterfragen etc. Allgemein zeigt sich, dass vertiefende Fragen bei *wenigen* Themenkomplexen oft besser zur Beurteilung eines Kandidaten beitragen als Interviews, bei denen versucht wird *alle* Themenkomplexe (oberflächlich) zu behandeln.

Die motivierende Frage

Sie regt den Gesprächspartner an, aus sich herauszugehen, wobei eine positive Stimmung erzeugt wird. Beispiele: „Was halten Sie als Kenner der Materie von unserer Zwischenlösung ...?" Oder: „Wie schätzen Sie unsere neue Organisation ein?" Der Kandidat bewegt sich damit nicht nur auf Augenhöhe, sondern es wird auch nach seiner Expertise gefragt. Darüber hinaus ist es mit dieser Art der Fragen möglich, einen Eindruck über die Denkweisen des Kandidaten zu erhalten. Fragt er nach, analysiert er erst, hat er Alternativ-Szenarien, hat er sofort eine „Optimallösung" parat oder, oder, oder?

Die Schock- oder Angriffsfrage

Sie wird angewendet, um den Gesprächspartner aus der Reserve zu locken. Diese Frageart birgt jedoch die Gefahr in sich, dass die positive Stimmung als Grundvoraussetzung für jedes Interview stark darunter leidet. Beispiele: „Wollen oder können Sie mir darauf keine klare Antwort geben?", „Ist es für Sie so schwer, das zu verstehen?"

Die provokative Frage

Stressinterviews enthalten im Gegensatz zum normalen Vorstellungsgespräch in der Regel provokative Fragen. Sie sind ähnlich zu sehen wie Schockfragen. Diese Frageart soll den Bewerber zu einer unverfälschten Reaktion bewegen, indem er aus der Ruhe gebracht bzw. gereizt wird. Eine provokative Frage wäre beispielsweise: „Warum haben Sie sich mit Ihrem Studium so lange Zeit gelassen?" Oder: „Warum haben Sie sich so lange nicht um einen neuen Job gekümmert?" statt: „Warum waren Sie so lange arbeitslos?"

Häufig sind Bewerberreaktionen wie Aggressivität oder ein beleidigtes Sich-Zurückziehen die Folge. Solche Reaktionen werden vom ungeschulten Interviewer negativ beurteilt und verfälschen schnell den Gesamteindruck. Bei einem Fachvorgesetzten, der im Gespräch auffallend oft provokative Fragen äußert, wird sich der Bewerber genau überlegen, ob er unter solchen Voraussetzungen und solch einem Vorgesetzten in Ihrem Unternehmen arbeiten will. Generell sollte man sich überlegen, ob diese Art der Fragen überhaupt zielführend ist. Ein professioneller Interviewer wird normalerweise auch durch andere Fragen und Vorgehensweisen einen Gesamteindruck eines Kandidaten erhalten.

Die Kontroll- und Bestätigungsfrage

Diese Fragetechnik wird angewandt, wenn man den Wahrheitsgehalt einer Bewerberaussage bezweifelt oder überprüfen will. Sie wird auch dann eingesetzt, wenn Zweifel bestehen, ob man eine Aussage richtig verstanden hat. Es handelt sich hier meistens um eine geschlossene Frage.

Die Kontrollfrage kann ebenso eine Suggestivfrage sein. Hegt man Zweifel an den Aussagen, so stellt man zu einem späteren Zeitpunkt des Gesprächs die gleiche Frage sinngemäß erneut, um zu überprüfen, ob der Bewerber in einer neuen Gesprächssituation bei seiner vorherigen Darstellung bleibt. Ergeben sich Widersprüche, wird man diesbezüglich weitere Fragen stellen. Beispiel: „Es war für Sie die einzige Möglichkeit, so zu handeln? Hätten Sie nicht auch die Geschäftsleitung informieren können?"

Die Mehrfachfrage

Stellt man mehrere Fragen, die in einem langen Fragesatz zusammengefasst sind, so ist die erste Teilfrage in der Regel die wichtigste. Der Bewerber wird normalerweise jedoch jene Teilfrage beantworten, die ihm am liebsten ist. Häufig gibt sich der Fragende mit dieser unvollständigen Antwort zufrieden und wird nicht versuchen, die noch unbeantworteten Teilfragen nochmals zu stellen.

Um von dem Bewerber möglichst vollständige Informationen zu erhalten, sollte dieser Fragetyp vermieden werden. Die Behaltensquote ist bei solchen Fragebatterien aufgrund des menschlichen Kurzzeitgedächtnisses relativ gering. Beispiel: „Herr Meier, wie gedenken Sie Ihre Führungsaufgabe bei uns wahrzunehmen?", „Welche Führungsprinzipien haben Sie, wie setzen Sie diese um und – vor allem – wie motivieren Sie Ihre Mitarbeiter?"

Die projektive Frage

Sie wird eingesetzt, wenn sich ein Kandidat sehr zurückhaltend in Bezug auf seine Meinung zu bestimmten Themen verhält. Man versucht dann durch die Anwendung einer projektiven Frage zu bewirken, dass der Bewerber seine Meinung in andere Personen hineinprojiziert. Dies geschieht durch Fragen wie beispielsweise: „Was glauben Sie, denken Ihre Kollegen darüber?" oder „Wie glauben Sie, würde sich ein guter Vorgesetzter in einer solchen Situation verhalten?"

Projektive Fragen sollen den Bewerber veranlassen, über den Umweg eines anderen über sich selbst zu sprechen. Der Fragende geht hierbei davon aus, dass der Bewerber in die Rolle des anderen schlüpft und die Antwort somit die Einstellung des Bewerbers erkennen lässt. Dieses indirekte Vorgehen wendet man immer dann an, wenn man bei ganz bestimmten Fragestellungen hofft, noch zusätzliche Informationen zu erhalten, bzw. wenn man glaubt, dass der Befragte keine ehrliche Antwort gibt, wenn er direkt befragt wird.

Es hat sich nämlich bestätigt, dass Menschen, die danach gefragt wurden, wie sich ihrer Meinung nach andere in ganz bestimmten Situationen verhalten, eine Antwort gaben, die, wie sich später zeigte, ihr eigenes Verhalten widerspiegelte. Für uns Menschen ist es immer leichter, über andere und deren Verhaltensweisen zu sprechen als über uns selbst.

Gerne wird diese Technik im Rahmen der „Stärken/Schwächen-Frage" eingesetzt. So könnte eine Formulierung lauten: „Welche Verbesserungsmöglichkeiten hat Ihr Vorgesetzter bei Ihnen gesehen?" oder „Wenn man einen Ihrer Mitarbeiter fragen würde, was Sie besonders positiv auszeichnet, was würde dieser wohl sagen?"

Einige Regeln zur Anwendung der Fragetechnik sollte man generell nicht aus den Augen verlieren:

- Benutzen Sie einfache Formulierungen.
- Stellen Sie Informationsfragen an den Gesprächsanfang.
- Vermeiden Sie doppelte Verneinungen.
- Machen Sie nach Fragen eine Pause.
- Offene Fragen führen schneller zum Ziel, benutzen Sie diese deshalb, so oft es möglich ist.
- Stellen Sie bei Schwätzern eher geschlossene Fragen.
- Stellen Sie Fragen so, dass sie gerne beantwortet werden.
- Fragen, die begründet werden, werden lieber beantwortet – aber Achtung: Geben Sie nicht eine gewünschte Antwort vor. Im Zweifel nichts sagen – besser etwas fragen.

Die Fragetechniken in das Interview so einzubauen, dass sie nicht nur erhellend, sondern auch zielführend sind, bedarf zweifelsfrei einiger Übung und Erfahrung. Hier zeigt sich auch der Vorteil, wenn das Gespräch, wie oben bereits empfohlen, zu zweit geführt wird. Während sich nämlich der eine auf die Fragen konzentriert, kann der andere die entsprechenden Notizen machen. Damit ist weitestgehend sichergestellt, dass auch nichts übersehen bzw. nicht gefragt wird.

Versuchen Sie doch zur Übung bei nächster Gelegenheit – z. B. bei einem Small Talk – mehr Fragen zu stellen. Sie werden erstaunt sein, welch positive Resonanz Sie erfahren, wenn Ihr Gegenüber erkennt, dass Sie durch Fragen Interesse am Thema des Gesprächspartners zeigen. Bereiten Sie sich jedoch insofern vor, dass Sie zwei oder drei Fragetypen bestimmen, die in das Gespräch einfließen sollen. Nutzen Sie die Gelegenheit, diesen Fragetypus in die Konversation einzubauen, und beobachten Sie dann die Reaktionen. Es wird positiv erhellend sein! Durch dieses Training erhält man im Laufe der Zeit immer mehr Übung und Sicherheit und muss demzufolge nicht jedes Mal angestrengt nachdenken, welchen Fragetyp man am besten wählt. Es wird sich automatisch und ungezwungen ergeben.

7.2.3 Das Behaviour-Interview

Neben den in Abschn. 7.2.2 genannten und gezielten Einzelfragen, die sich normalerweise auf einen ganz bestimmten Aspekt fokussieren, gibt es auch die Möglichkeit, mehrere Verhaltensbereiche gleichzeitig abzufragen.

Vor allem ist es aber wichtig, die Motive – also die Antriebsfedern hinter den Aktionen – zu erkennen. Ziel ist es dabei, die tatsächlich erfolgten Verhaltensweisen eines Kandidaten zu erkennen und zu interpretieren.

Es werden dabei zwei Möglichkeiten unterschieden:

Erstens kann dies dadurch geschehen, dass der Kandidat ein in der Vergangenheit geschehenes Ereignis ausführlich schildern soll. Man gibt ihm also einen Themenkreis vor und beobachtet, wie er die damalige Situation analysierte, wie er sich verhielt, wie er das auftauchende Problem löste, welches Ergebnis er erreichte und wie er dieses kontrollierte.

Die abgefragte Gegebenheit muss dabei so strukturiert sein, dass sie möglichst viele und gute, d. h. eindeutig interpretierbare Antworten auf die zu bewertenden Verhaltensweisen gibt. Folgende Fragen sollen als Beispiele dienen:

1. Fall „Kündigung"

Mussten Sie in der Vergangenheit bereits einmal eine Abmahnung bzw. Kündigung aussprechen? Bitte schildern Sie ausführlich den Fall und wie Sie dabei vorgegangen sind.

Die Zahlen vor den Verhaltensbereichen geben an, welche Kriterien damit hinterfragt werden können, wobei diese in Tab. 4.4 beschrieben wurden.

Verhaltensbereiche:
- 4. Entscheidungsfreudigkeit
- 5. Überzeugungskraft
- 6. Problemanalyse
- 9. Verhandlungsgeschick
- 10. Konfliktfähigkeit
- 19. Stressstabilität
- 28. Durchsetzungsvermögen
- 35. Urteilsvermögen

2. Fall „Team-Führung"

Hatten Sie in der Vergangenheit einmal ein Projekt-Team zu führen, das Sie vorher nicht kannten? Bitte schildern Sie ausführlich die Situation und wie Sie dabei vorgegangen sind.

Verhaltensbereiche:
- 2. Initiative
- 3. Teamfähigkeit
- 5. Überzeugungskraft
- 7. Vernetztes Denken
- 11. Flexibilität
- 17. Führungsfähigkeit
- 20. Ergebnisorientierte Einstellung
- 24. Kommunikationsfähigkeit

- 25. Organisationsfähigkeit
- 26. Zielorientierung

3. Fall „Misserfolg"
Welches Projekt ist Ihnen deutlich misslungen? Bitte schildern Sie ausführlich die Situation, wie Sie agiert haben und was Sie daraus gelernt haben.

Verhaltensbereiche:
- 1. Lernbereitschaft
- 6. Problemanalyse
- 8. Belastbarkeit
- 10. Konfliktfähigkeit
- 12. Frustrationstoleranz
- 18. Risikobereitschaft
- 21. Erfolgswille
- 26. Zielorientierung
- 31. Ausgeglichenheit
- 35. Urteilsvermögen

Zweitens und alternativ ist es dazu auch möglich, einen selbst vorgegebenen Fall zu konstruieren, um das Vorhandensein der gewünschten Verhaltensweisen und die Reaktionen des Kandidaten noch besser prüfen zu können. Der Nachteil dieses Verfahrens ist jedoch, dass eine hypothetische Situation zugrunde gelegt wird, die der Kandidat nicht erlebt hat. Er wird in diesem Fall eventuell eine lehrbuchhafte Ideallösung präsentieren, die von seiner tatsächlichen Handlungsweise abweichen könnte.

Damit ist dem Kandidaten die Möglichkeit gegeben, unternehmensgewünschtes und sozial akzeptiertes Verhalten zu dokumentieren. Aber selbst wenn man dies voraussetzt, zeigen die Ergebnisse einer solchen Befragung immer wieder deutlich aufschlussreiche Ergebnisse, die in der Regel das tatsächliche Verhalten eines Kandidaten widerspiegeln.

Vor allem können hier die bereits oben erwähnten vertiefenden Fragen deutlich erhellend sein und weitere Erkenntnisse liefern. Folgende Fallbeispiele können in der vorliegenden Version direkt übernommen werden. Vielleicht finden Sie aber auch andere Beispiele, die direkt auf Ihr Unternehmen zugeschnitten die Möglichkeit eröffnen, wissenswerte Aspekte noch besser zu beleuchten und zu beantworten.

4. Fall: „Smokewater"
Sie sind Abteilungsleiter. Einer Ihrer Mitarbeiter hat sich über Jahre hinweg ein eigenes Präsentationsprogramm erarbeitet, das mittlerweile allgemein in der Branche bekannt ist und in Ihrem Haus bei jeder Presseveranstaltung erfolgreich eingesetzt wird. Es ist schon fast zum Markenzeichen Ihres Unternehmens geworden und die Geschäftsleitung ist auch stolz darauf.

Leider haben Sie es in der Vergangenheit versäumt, sich das Wissen anzueignen bzw. einen anderen Mitarbeiter in dieses Programm einweisen zu lassen. Innerlich hatten Sie immer Angst davor, dass Ihrem Mitarbeiter einmal etwas passieren könnte, da er der Einzige ist, der über dieses spezielle Know-how verfügt.

Es ist Freitagnachmittag und bis auf Sie und Ihren Mitarbeiter ist niemand mehr im Haus. Sie finden einen Zettel Ihres Chefs vor, dass Sie bis zum nächsten Montag für eine äußerst wichtige Presseveranstaltung mit ARD, ZDF und der FAZ die Präsentation der Jahresergebnisse erstellen sollen.

Sie informieren Ihren langjährig tätigen, guten und loyalen (außertariflichen) Mitarbeiter über die Situation. Er antwortet Ihnen, dass er jederzeit gerne diese Arbeit machen würde (Dauer ca. 16 Stunden), er aber Silberne Hochzeit hat und für morgen früh (Samstag, 6:00 Uhr) ein Flugticket nach London zum Abschlusskonzert der Popgruppe Smokewater, der Lieblingsgruppe seiner Frau, bereits besitzt. Er würde Sie gerne unterstützen, macht aber deutlich, dass er Ihnen nicht helfen kann. Wie reagieren Sie?

Verhaltensbereiche:
- 5. Überzeugungskraft
- 6. Problemanalyse
- 9. Verhandlungsgeschick
- 10. Konfliktfähigkeit
- 11. Flexibilität
- 17. Führungsfähigkeit
- 19. Stressstabilität
- 25. Organisationsfähigkeit
- 28. Durchsetzungsvermögen

5. Fall: „Erster Arbeitstag"
Stellen Sie sich bitte vor, Sie hätten morgen Ihren ersten Arbeitstag in unserem Haus. Was würden Sie innerhalb der ersten Woche alles machen?

Verhaltensbereiche:
- 1. Lernbereitschaft
- 2. Initiative
- 6. Problemanalyse
- 7. Vernetztes Denken
- 11. Flexibilität
- 13. Logisches Denken
- 24. Kommunikationsfähigkeit
- 25. Organisationsfähigkeit
- 27. Anpassungsfähigkeit

6. Fall: „Projektleitung Verbesserung des Berichtswesens"
Stellen Sie sich bitte vor, Sie sollen die Projektleitung zur Verbesserung des aktuellen Berichtswesens in Ihrer Abteilung übernehmen. Diese Aufgabe ist kurzfristig an Sie herangetragen worden und Sie sollen dieses Projekt umgehend bewältigen. Wie gehen Sie dabei vor?

Verhaltensbereiche:
- 2. Initiative
- 3. Teamfähigkeit
- 4. Entscheidungsfreudigkeit
- 5. Überzeugungskraft
- 6. Problemanalyse
- 7. Vernetztes Denken
- 10. Konfliktfähigkeit
- 11. Flexibilität
- 13. Logisches Denken
- 15. Innovationsfähigkeit
- 16. Unternehmerisches Denken
- 17. Führungsfähigkeit
- 20. Ergebnisorientierte Einstellung
- 25. Organisationsfähigkeit
- 26. Zielorientierung

7. Fall: „Dilemma"
Stellen Sie sich vor, Sie kommen an Ihren Arbeitsplatz und finden folgende Nachrichten vor:

- Bitte erstellen Sie die Präsentation für unseren potenziellen neuen Großkunden. Dieser kommt in vier Stunden. Ich würde mich freuen, wenn Sie dabei sind und selbst präsentieren.
  gez.: Ihr Vorgesetzter
  (Sie wissen, dass die Erstellung der Präsentation ca. dreieinhalb Stunden dauert.)
- Ich brauche Sie dringend zur Pressekonferenz in der Sendeanstalt des ZDF. Bitte kommen Sie sofort.
  gez.: Der Chef Ihres Vorgesetzten
  (Sie wissen, dass diese fast immer vier Stunden dauert.)
- Gerade als Sie die beiden Nachrichten lesen, fällt Ihre schwangere Sekretärin ohne erkennbaren Grund in Ohnmacht. Wie verhalten Sie sich?

Verhaltensbereiche:
- 2. Initiative
- 3. Teamfähigkeit

- 4. Entscheidungsfreudigkeit
- 8. Belastbarkeit
- 11. Flexibilität
- 19. Stressstabilität
- 25. Organisationsfähigkeit

8. Fall: „Wochenende"

Stellen Sie sich bitte vor, Sie sind Geschäftsführer eines Unternehmens. Es ist Sonntagnachmittag und der Finanzchef eines Unternehmens, welches Sie kaufen wollen, ruft Sie an. Er teilt Ihnen mit, dass ihm soeben auf dem Flughafen der Laptop gestohlen wurde, auf dem alle internen Daten eines due diligence abgespeichert waren. Diese Daten bräuchte er aber für eine Präsentation vor seinem Aufsichtsrat am nächsten Tag, da dieser dann den Fortgang der Verkaufsverhandlungen entscheiden würde. Sie verfügen ebenfalls über eigene due diligence-Daten, die jedoch zum momentanen Zeitpunkt dem Übernahmekandidaten aus taktischen Gründen noch nicht genannt werden sollten. Wie verhalten Sie sich?

Verhaltensbereiche:
- 4. Entscheidungsfreudigkeit
- 6. Problemanalyse
- 7. Vernetztes Denken
- 8. Belastbarkeit
- 10. Konfliktfähigkeit
- 11. Flexibilität
- 16. Unternehmerisches Denken
- 18. Risikobereitschaft
- 19. Stressstabilität
- 20. Ergebnisorientierte Einstellung
- 21. Erfolgswille
- 35. Urteilsvermögen

9. Fall: „Herr Meier"

Sie sind Verkaufsleiter. Ihr wichtigster Kunde beschwert sich heftig bei Ihnen über Ihren Mitarbeiter Herrn Meier und wird dabei ausfallend. Der Kunde weigert sich, weiterhin Gespräche mit Herrn Meier zu führen und hat ihm Hausverbot erteilt. Indirekt macht er auch Sie verantwortlich. Wie verhalten Sie sich?

Verhaltensbereiche:
- 3. Teamfähigkeit
- 5. Überzeugungskraft
- 6. Problemanalyse
- 9. Verhandlungsgeschick
- 10. Konfliktfähigkeit

- 12. Frustrationstoleranz
- 14. Kompromissfähigkeit
- 16. Unternehmerisches Denken
- 17. Führungsfähigkeit
- 19. Stressstabilität
- 23. Kundenorientierung
- 24. Kommunikationsfähigkeit
- 27. Anpassungsfähigkeit
- 28. Durchsetzungsvermögen

Diese vorgegebenen Situationen können bzw. sollen je nach Bedarf so variiert werden, dass Sie die Aspekte beleuchten können, die für Ihre aktuelle Situation wichtig sind.

Schreiben Sie sich deshalb vor jedem Interview einen entsprechenden Fall auf und priorisieren Sie die abzufragenden Verhaltensweisen, um während des Gespräches im Bedarfsfall, d. h. zur Verdeutlichung und Klärung eines Aspektes, tiefer einsteigen zu können.

7.2.4   Unzulässige Fragen

Die bisher behandelten Fragen sollten von einem Kandidaten wahrheitsgemäß beantwortet werden. Eine „Wahrheits-Dehnung" als solche hätte noch keine negativen Auswirkungen für ihn. Sollte sich jedoch herausstellen, dass er während des Bewerbungsprozesses eine arglistige Täuschung begangen hat, kann der Arbeitsvertrag angefochten werden.

Diese liegt immer dann vor, wenn der Bewerber wissentlich falsche Angaben über Tatsachen macht, die für den Vertragsabschluss entscheidend sind und deren tatsächlichen Wahrheitsgehalt der künftige Arbeitgeber nicht kennt bzw. kennen kann.

Daneben gibt es jedoch auch Fragen, die unzulässig sind. Diese müssen von dem Bewerber nicht beantwortet werden – ja, er kann und darf in diesen Fällen sogar lügen. Deshalb sind diese Fragen auf jeden Fall zu vermeiden – es sei denn, sie sind unmittelbar Voraussetzung für die zu besetzende Position! Im Folgenden sollen einige Beispiele dies darlegen:

- „Welche politische Meinung vertreten Sie? Sind Sie in einer Partei?" Dies ist nur zulässig, wenn Ihr Unternehmen eine parteipolitische Institution ist. Man spricht hier von der sogenannten „Tendenzklausel".
- „Sind Sie in einer Gewerkschaft?" Diese Frage ist nur dann zulässig, wenn es sich ebenfalls bei Ihrem Unternehmen um eine entsprechend gebundene Institution handelt („Tendenzklausel"). Sie kann jedoch nach Vertragsabschluss gestellt werden, da es Tarifverträge gibt, die den Arbeitgeber verpflichten, die Gewerkschaftsbeiträge einzubehalten und an die zuständige Gewerkschaft abzuführen.
- „Welche religiöse Einstellung vertreten Sie? Gehören Sie einer religiösen Gemeinschaft an und wenn ja, welcher?" Dies ist ebenfalls nur dann akzeptabel, wenn Ihr Unternehmen einer entsprechenden Organisation angehört („Tendenzklausel").

- „Welche früheren Krankheiten hatten oder haben Sie?" Dieses ist nur dann zulässig, wenn ein möglicher Ausbruch der Krankheit wieder erwartet werden kann und dadurch die Arbeitsleistung des Bewerbers negativ beeinflusst wird oder er andere anstecken könnte. Dies trifft z. B. dann zu, wenn es sich um die Position eines Arztes oder Pflegers handelt.
- „Sind Sie schwerbehindert?" Auf diese Frage darf nicht gelogen werden, wenn eine Schwerbehinderung die Erfüllung der konkreten arbeitsvertraglichen Pflichten beeinträchtigen würde. Sollte sie hingegen Diskriminierungsaspekte enthalten, wäre sie unzulässig.
- „Sind Sie schwanger?" Diese Frage ist dann wahrheitsgemäß zu beantworten, wenn es sich nur um eine kurzfristige Beschäftigung handelt und die Bewerberin aufgrund ihrer Schwangerschaft größtenteils nicht anwesend sein könnte. Bei einem unbefristeten Arbeitsverhältnis muss nicht wahrheitsgemäß geantwortet werden (vgl. BAG 2003 und Europäische Richtlinie 76/207/EWG). Inwieweit diese Frage gegen das AGG verstößt – da man an der Antwort das Geschlecht erkennen kann –, wird noch unterschiedlich diskutiert und soll hier nicht weiter erörtert werden.
- „Welche Vorstrafen haben Sie?" Hier darf der Bewerber nicht lügen, sofern die Straftaten noch im Bundeszentralregister eingetragen sind oder wenn es sich um Vermögensdelikte handelt und die neue Position mit Geldverwaltung o. Ä. zu tun hat, also z. B. bei der Anstellung bei einer Bank.
- „Wie sind Ihre Vermögensverhältnisse?" Ausgenommen hiervon ist der Umstand, dass es sich um Lohnpfändungen handelt, da dies für Ihr Unternehmen mit zusätzlichem Arbeitsaufwand verbunden wäre. Auch kann bei der Bewerbung für die Position eines Bankkassierers eine Ausnahme gesehen werden.
- „Leben Sie in einer nicht ehelichen oder gleichgeschlechtlichen Lebensgemeinschaft?", „Haben Sie vor, sich in nächster Zeit zu verloben oder zu heiraten?" Diese Fragen verletzen die Intimsphäre und dürfen generell nicht gestellt werden.
- „Engagieren Sie sich ehrenamtlich in einem Verein oder Verband?" Diese Frage geht – wie ähnlich lautende – eindeutig in die Privatsphäre und darf deshalb falsch beantwortet werden.
- „Wie hoch war Ihr letztes Gehalt?" Mit dieser Frage könnte eine Messlatte gefunden werden, mit der der neue Arbeitgeber das zukünftige Gehalt bestimmen kann. Deshalb ist auch diese Frage unzulässig.

Es wird auch des Öfteren versucht auf mehr oder weniger verschlungenen Pfaden an diese Art von Informationen zu kommen. So leitet der Interviewer eine Frage nach den privaten Vorlieben damit ein, dass er beim Händedruck zur Begrüßung ein etwas schmerzverzerrtes Gesicht macht mit der Bemerkung, dass er sich bei einer Veranstaltung des Karnevalsvereines den kleinen Finger gebrochen hat, um dann zu fragen: „Waren Sie denn schon einmal auf einer Karnevalssitzung?" Antwort: „Ich interessiere mich nicht für so etwas." Frage: „Sondern ...?"

▶ PROFI-TIPP
Stellen Sie nur solche Fragen, die eine direkte Auswirkung auf die Arbeit Ihrer Bewerber haben. Sollten Sie nicht sicher sein, ob es sich um eine unzulässige Frage handelt, erklären Sie genau, warum Sie das wissen wollen. Oder noch besser: Stellen Sie sie erst gar nicht.

7.2.5 Kritische Interview-Situationen

Nachdem Sie Ihre Fragen gestellt haben und zur Gesprächsvertiefung auch ein Behaviour-Interview integrierten, müssen Sie vielleicht feststellen, dass der Kandidat ein extremer Schauspieler ist, der nicht nur einige Bücher zum Thema „Bewerbertraining" gelesen hat, sondern auch durch eine Reihe von Interviews „gestählt" ist und sich nicht aus der Reserve locken lässt.

Hier liegt die Versuchung nahe, Teile des berüchtigten Stressinterviews doch zum Einsatz zu bringen. Wie bereits erwähnt, wird mit einer Reihe von provozierenden Fragen oder Bemerkungen versucht, den Bewerber herauszufordern und damit zu Reaktionen zu veranlassen, die sein Verhalten in (unkontrollierten) Extremsituationen erkennen lassen. Darüber hinaus denken einige Interviewer, dass der Mensch in diesen Situationen sein wahres Gesicht zeigt.

So wird er beispielsweise mit der Frage konfrontiert: „Meinen Sie nicht auch, dass Sie für diese Aufgabe höchst unterqualifiziert sind?" oder „Wollen Sie das nicht verstehen oder können Sie es nicht?" oder „Ich habe den Eindruck, dass Sie nicht die Wahrheit sagen, sondern uns etwas vormachen".

Abgesehen davon, dass es eine ethisch bedenkliche Verfahrensweise ist, wird sie darüber hinaus eine positive Grundstimmung des Gespräches unwiderruflich zerstören. Des Weiteren besteht die Gefahr, dass der Kandidat das Interview abbricht, da er sich das zum Beispiel nicht bieten lassen will oder er nicht in einer Unternehmenskultur arbeiten möchte, die mit solchen Methoden agiert und diese für gut befindet.

Es gibt aber weitaus bessere Instrumente, die nicht nur unbedenklich sind, sondern in der Regel sogar noch bessere Ergebnisse liefern. Exemplarisch soll eine solche Möglichkeit dargestellt werden. Ihrer Kreativität sind bei der Entwicklung eigener Methoden keinerlei Grenzen gesetzt.

Stellen Sie sich also die Situation vor, in der Sie den Eindruck haben, dass der Kandidat eine „dicke Wand" aufgebaut hat, vielleicht nicht die ganze Wahrheit nennt oder allgemein ein tieferes Eindringen in seine Denk- und Verhaltensweisen unmöglich macht. Gleichzeitig ist er aber womöglich für Sie so interessant, dass Sie es weder dabei bewenden lassen möchten, noch dass Sie das Gespräch abbrechen wollen.

Mein Freund Thorben-Hendrik löste diese Situation in einer für ihn typischen Weise. Er verlagerte den Stressauslöser – also sich selbst – auf ein Objekt, indem er eine Kamera einsetzte. Er erklärte dem Kandidaten, dass er einem Mitentscheider, der heute leider verhindert sei, ein Bilddokument präsentieren wolle und deshalb gerne eine kurze Sequenz aufzeichnen würde. Er ließ sich das Einverständnis des Kandidaten geben und garantierte ihm, dass das Bildmaterial nach Abschluss des Projektes vernichtet werde – was er auch tatsächlich tat. Er sagte dem Kandidaten, dass er sich ca. eine Minute darstellen solle mit einer Begründung, warum er der Richtige für die zu besetzende Position sei.

In der darauffolgenden Minute richtete er die Kamera ein und gab dem Bewerber damit Gelegenheit, gedanklich einen roten Faden für seine persönliche Vorstellung zu entwickeln. Er fragte den Kandidaten noch kurz, ob er bereit sei, und begann dann mit der Aufzeichnung.

Mein Freund teilte mir mit, dass es immer wieder hochinteressant sei zu sehen, wie selbst der größte Eigendarsteller plötzlich ganz neue Facetten zeigte – manchmal sogar leichte Schweißperlen. Sollte durch diesen kleinen Trick eine Stresssituation aufgebaut werden, deren Verursacher nicht der Gesprächspartner war, so ist sie für den Kandidaten in der Regel dennoch akzeptabel.

Auf diese Weise erhielt Thorben-Hendrik neue Einblicke in die Verhaltensweisen der Bewerber unter Stress, ohne dass die Gesprächsatmosphäre dadurch nachhaltig negativ beeinflusst wurde. Ergänzend bekam er Bildmaterial, das es ihm ermöglichte, auch noch nach mehreren Tagen die ursprüngliche Stimmung in Erinnerung zu rufen; denn wie schnell hat man eine Stimme vergessen, das nervöse Zucken mit den Nasenflügeln oder andere Signale der Körpersprache. So die Aussage meines Freundes.

Ein anderes Beispiel aus England war für mich auf den ersten Blick absolut inakzeptabel. Der Unternehmensvertreter fiel nach dem Gespräch plötzlich ohnmächtig vom Stuhl – was er natürlich nur schauspielerte. Er blieb regungslos am Boden liegen und beobachtete insgeheim das Verhalten des Kandidaten – eine kaum zu übertreffende Stresssituation. Meine deutliche Ablehnung gegenüber solchen „Spielchen" kam jedoch ins Wanken, als man mir erklärte, dass es sich um die Position eines Flugbegleiters handelte. Es bleibt Ihrem Urteilsvermögen überlassen, ob Sie mit solchen Mitteln arbeiten würden. Zweifelsfrei zeigt es jedoch eines: Ein Arbeitgeber will einen höchstmöglichen Informationsstand für seine Entscheidung haben und damit eine bestmögliche Prognose für das Arbeitsverhalten des Bewerbers.

7.2.6   Die Unternehmens- und Positions-Darstellung

Nachdem sich der Kandidat nun ausführlich dargestellt hat und die Fragen des Interviewers geklärt sind, wird man das eigene Unternehmen, die Position, deren Zielsetzung und weitere wichtige Fakten darlegen, kurz, alles das, was der Kandidat wissen soll, kann oder muss.

▶   **PROFI-TIPP**
    Lassen Sie dabei bewusst einige wichtige Fakten ungenannt und achten Sie darauf, ob der Kandidat diese erfragt oder sich mit den gemachten Informationen zufrieden gibt.

Eine ungeschönte Darstellung des Unternehmens und der aktuellen Situation ist nicht nur eine Frage der Fairness, sondern erspart auch unglaublich viel Ärger. Wenn der Kandidat während der Probezeit erkennen muss, dass es eine große Diskrepanz zwischen den Darstellungen im Interview und der Realität gibt, wird er schnell geneigt sein, das Unternehmen wieder zu verlassen, oder er lernt, dass es bei seinem neuen Arbeitgeber nichts Ungewohntes ist, die Wahrheit im Bedarfsfall zu biegen. Beides ist für das Unternehmen äußerst schädlich.

Denken Sie immer daran, dass Sie nicht den Besten suchen, sondern den Passendsten. Sprechen Sie deshalb neben den positiven Aspekten auch deutlich die kritischen Momente an. Legen Sie die Inhalte, die Ziele und die Herausforderungen der Position dar, stellen Sie imaginär das Team vor, sprechen Sie über die anderen Abteilungen und vor allem darüber, was das Unternehmen wie erreichen will und welcher Beitrag von dem Stelleninhaber erwartet wird.

Man achte jedoch immer darauf, dass es ohne Weiteres möglich ist, dass man einem Pseudo-Kandidaten gegenüber sitzt. Es ist nicht selten vorgekommen, dass ein Wettbewerber auf diese Weise Industriespionage betrieben hat und Informationen erhalten konnte (anders herum wird übrigens auch ein nicht unüblicher Schuh daraus). Gerne geschieht dieses in den technischen Bereichen, wenn es um Entwicklungen geht, oder im Geschäftsleitungsbereich, wenn es sich um strategische Aspekte handelt. Die Gefahr dürfte im mittleren und unteren Management hingegen eher gering und zu vernachlässigen sein.

In dieser Unternehmensdarstellungs-Phase ist es immer wieder interessant festzustellen, ob und wie sich ein Kandidat mit Fragen vorbereitet hat und darauf achtet, dass diese beantwortet werden. Beantworten Sie diese so aufrichtig wie möglich und geben Sie den Bewerbern eine reelle Chance, Ihr Unternehmen kennenzulernen. Man soll es dabei jedoch vermeiden, den Kandidaten mit Detailaspekten oder Nebensächlichkeiten zu überschütten.

Konzentrieren Sie sich besser auf die wirklich wichtigen Informationen und beobachten Sie den Kandidaten, ob er sich Notizen macht oder meint, er könne alles im Kopf behalten. Gerne können Sie auch eine gut verpackte Kontrollfrage stellen, um zu prüfen, ob der Kandidat alles erfasst hat.

Beobachten Sie, wie er sich auf diese Gesprächssituation vorbereitet hat oder ob er sich mehr zufällig äußert. Interessant ist es, den Charakter der Kandidatenfragen zu beobachten. Hier lässt sich ungemein gut und genau feststellen, was die Beweggründe für eine Bewerbung sind oder in welchen Denkschemata er sich bewegt. Orientiert er sich mehr an den täglichen Dingen (wie das Vorhandensein einer bezuschussten Kantine) oder fragt er nach der Zielsetzung der Position und den Entwicklungschancen, besonders nach denen des Unternehmens.

7.2.7   Der Interview-Abschluss

Nun kann auch die Situation eintreten, dass man trotz intensiver Vorbereitung und Prüfung der Unterlagen einen Kandidaten vor sich hat, der in keinster Weise den Erwartungen
und Anforderungen entspricht. Da ein deutliches Signalgeben durch die Körpersprache als
höchst unhöflich empfunden werden könnte – hier seien nur der häufige Blick am Kandidaten vorbei oder das demonstrative „Männchenmalen" erwähnt –, sollte man sich einer
geschickteren Vorgehensweise bedienen. Beenden Sie einfach Ihre Informationseinholung
und fragen Sie im Gegenzug, was der Kandidat noch wissen möchte. Halten Sie Ihre Antworten bewusst kurz, aber präzise. In der Regel ist der Wissensdurst der Kandidaten nach
vier bis sechs Fragen gelöscht, und man kann das Gespräch in einer sehr höflichen Form
beenden, ohne dass der Kandidat das Gefühl hat, dass man das Interview abrupt abgebro-
chen hätte.

Doch kommen wir zurück auf den normalen Verlauf eines Gespräches. Zum endgülti-
gen Ende können noch allgemeine Fragen gestellt werden, die ein abrundendes Bild geben
sollen oder aber das weitere Vorgehen determinieren.

Diese sind zum Beispiel:
- Wie ist Ihre Einkommensvorstellung?
- Welche Kündigungsfrist haben Sie?
- Wann könnten Sie bei uns beginnen?
- Wie steht es mit Ihrer Mobilität?
- Ist Ihre Frau berufstätig?
- Wie alt sind Ihre Kinder?
- Haben Sie noch Fragen?

Bei Fragen wie:
- Haben Sie noch andere Vorstellungsgespräche?
- Haben Sie bereits eine Jobzusage erhalten?
- Wie setzte sich Ihr Gehalt bei Ihrem letzten/aktuellen Arbeitgeber zusammen?
- Wie steht Ihre Frau zu der Bewerbung?

darf man unterstellen, dass sie nicht immer wahrheitsgemäß beantwortet werden.

Nachdem alle Details geklärt sind, wird dem Kandidaten das weitere Vorgehen erläu-
tert. Er bekommt mitgeteilt, bis wann eine Entscheidung fällt, wer der Ansprechpartner ist,
sofern sich noch Fragen ergeben sollten, und auf welche Weise Spesen erstattet werden.

Übrigens haben Bewerber einen Anspruch auf Erstattung der Kosten, die mit dem Vor-
stellungsgespräch direkt in Verbindung stehen – bei sehr langer Anfahrt eventuell auch
Übernachtungskosten (§ 670 BGB). Klären Sie auf jeden Fall vor dem Interview, welche
Kosten dabei übernommen werden, also z. B. ein Flug oder nur eine Bahnfahrt 2. Klasse.
Der Anspruch verfällt jedoch, wenn die Erstattung ausdrücklich vor dem Zustandekom-
men des Gesprächstermins abgelehnt wurde.

Es ist bedauerlich zu sehen, wie manche Unternehmen versuchen, die Spesenerstattung zu umgehen, obwohl es sich in der Regel nur um kleinere Beträge handelt. Auch eine Bearbeitungszeit bzw. Überweisungsdauer von vier bis sechs Wochen stellt dem Unternehmen kein gutes Zeugnis aus.

Und erinnern wir uns an das bereits Gesagte: Jeder Kandidat ist ein Image-Multiplikator für Ihr Unternehmen! Gehen Sie deshalb auch mit abgelehnten Kandidaten fair um und dokumentieren Sie jederzeit, dass Sie ein Unternehmen repräsentieren, bei dem man gerne ist bzw. wäre.

Nehmen Sie sich nach dem Gespräch auch die Zeit und bringen Sie den Kandidaten möglichst selbst zum Ausgang – oder begleiten Sie ihn wenigstens so weit wie möglich. Stellen Sie sicher, dass er niemals allein durch das Unternehmen läuft. Mancher Arbeitgeber hat hierdurch schon einen guten Kandidaten verloren, da sich dieser wissbegierig mit Mitarbeitern unterhielt oder den Blick in das eine oder andere Büro warf und Dinge erkannte, die nicht seinen Erwartungen entsprachen.

Da nun der offizielle Teil des Interviews abgeschlossen ist und der Kandidat in der Regel deutlich entspannter (und unvorsichtiger) ist, sollten Sie diese Chance nicht ungenutzt verstreichen lassen.

Im Falle eines Außendienstmitarbeiters zum Beispiel könnten Sie ihm die Frage stellen, ob er jetzt direkt nach Hause fährt. Sollte er um 14:00 Uhr bereits Richtung Heimat aufbrechen, die nur 100 km entfernt ist, so ist die Frage nach seiner generellen Arbeitsmotivation berechtigt. Es ist jedoch auch möglich, dass er sich Urlaub genommen hat. Das zu hinterfragen, ist angebracht und legitim.

Achten Sie des Weiteren darauf, ob er sich von den Personen im Vorzimmer (sofern eines vorhanden ist) verabschiedet oder diese geflissentlich übersieht. Ist er in der Lage einen akzeptablen Small Talk zu führen oder schweigt er nur?

▸   **PROFI-TIPP**
    Beobachten Sie den Kandidaten gerade in der Situation der Verabschiedung äußerst genau – er zeigt vielleicht ein „weiteres Gesicht"!

7.3   Die Interview-Nachbereitung

Zwischen den einzelnen Kandidaten-Gesprächen sollte eine 15- bis 30-minütige Pause eingeplant werden, um das Gespräch nochmals Revue passieren zu lassen, die Mitschriften zu ergänzen und ebenso eine beurteilende Zusammenfassung mit Empfehlung abzugeben. Dabei gilt es, nicht nur die Fakten festzuhalten, sondern auch die empfundenen Gefühle und Vermutungen. Das Überprüfen der gemachten Aussagen mit den schriftlichen Unterlagen, das Verhalten des Kandidaten in Relation zu seiner Entwicklung und seiner heutigen Position, alles sollte auf Kongruenz hinterfragt werden. Es besteht ansonsten die Gefahr, den einen oder anderen Aspekt zu verdrängen, anders zu gewichten oder gar ganz zu vergessen.

7.3.1　Beeinflussungsfaktoren der Beurteilung

Nun wissen wir alle, dass es eine Reihe von Faktoren gibt, die unsere Urteilsfähigkeit beeinflussen können. Wir erhalten ein getrübtes Bild von der Realität. Als ein Beispiel sei hier das sogenannte Johari-Fenster (s. Abb. 7.1) erwähnt.

Abb. 7.1　Johari-Fenster (nach Joseph-Luft und Harry Ingham, 1955)

	mir bekannt	mir unbekannt
anderen bekannt	**Öffentliche Person**	**Blinder Fleck**
anderen unbekannt	**Mein Geheimnis**	**unbekannt**

In diesem Modell gibt es vier Bereiche, die mir entweder bekannt bzw. unbekannt sind und ebenso meinem Gegenüber bekannt bzw. unbekannt sind. In nur einem der vier Quadranten herrscht zwischen mir und meinem Gesprächspartner absolut dasselbe Wissen und dieselbe Wahrnehmung – nicht gerade eine gute Basis für eine überstimmende Beurteilung von Situationen. Mit dem Verweis auf die diesbezügliche einschlägige Literatur sollen hier weitere Aspekte berücksichtigt werden, die eine objektive Urteilsfindung beeinflussen können.

So können sich Fehler der Wahrnehmung auf Vorurteile bzw. gemachte Erlebnisse beziehen. Unser Gehirn verarbeitet eingehende Informationen in Bruchteilen von Sekunden und vergleicht Erfahrenes mit Neuem. Es prüft sozusagen, ob eine neue Situation für uns eine Bedrohung darstellen könnte, was uns zu einem Fluchtverhalten animiert, oder ob wir der Situation gewachsen sind und ob es uns dadurch möglich ist, ein Angriffsverhalten an den Tag zu legen. Letztendlich sind dies die beiden Grundverhaltensweisen, die uns seit Tausenden von Jahren steuern: Flucht oder Angriff.

Wir registrieren eine Person, vergleichen sie in Bruchteilen von Sekunden mit Bekanntem und entscheiden dann intuitiv über das weitere Verhalten in einer Situation. Mit gewollten oder gesteuerten Denkmechanismen hat das nichts zu tun. Einer der daraus resultierenden Fehler kann darin liegen, dass man gewisse Dinge wahrnimmt, andere hingegen nicht. Wir filtern heraus, was uns wichtig und bedeutungsvoll erscheint, das heißt, wir agieren in diesen Situationen selektiv.

Ebenso hat die Wissenschaft festgestellt, dass einige wenige Aspekte andere Gegebenheiten überdecken können. Dieses Phänomen wird als der sogenannte Halo-Effekt (vgl. Thorndike 1920) bezeichnet. So schließt man zum Beispiel von einem Kandidaten, der mit schmutzigen Fingernägeln und zwei verschiedenen Paar Socken zum Bewerbungsgespräch kommt, darauf, dass er auch sonst unordentlich und zerstreut ist oder dass er gewisse Situationen nicht richtig einzuschätzen weiß.

Zu weiteren Fehlbeurteilungen kann es kommen, wenn wir an unserem Gegenüber für uns wichtige Merkmale erkennen und Ähnlichkeiten oder sogar Gleichheiten feststellen.

Wir sind dann geneigt, Teile unserer Verhaltensweisen auf den Gesprächspartner zu transferieren – obwohl sie objektiv bei diesem gar nicht vorhanden sind. In diesem Fall spricht man von der sogenannten Projektion.

Des Weiteren kann es geschehen, dass vorhandene oder entstehende Emotionen die Wahrnehmungen fördern, aber auch hemmen können. Man stelle sich nur vor, dass man kurz vor dem Interview einen lang erhofften und für das Unternehmen wichtigen Auftrag platzieren konnte – oder auch nicht.

Selbst während eines Interviews sind verschiedene Bewertungsmaßstäbe erkennbar. So wird eine positive Antwort nach einer „gefühlten" Unwahrheit anders beurteilt, als wenn die Reihenfolge anders herum stattgefunden hat.

Ebenso bleiben Bemerkungen, Reaktionen, Verhaltensweisen und Situationen zu Beginn und zum Ende eines Interviews in der Regel besser in der Erinnerung als die Dinge, die sich in der Mitte eines Gespräches abspielen. Machen Sie sich deshalb in jeder Phase Notizen und bewerten Sie auch Ihre Stimmungslage bzw. Gefühle mit kleinen Pfeilen (nach oben = gut; nach unten = schlecht und den Zwischenstufen) am Rande Ihrer Mitschriften.

Auch ist die Reihenfolge der Kandidaten nicht unbedeutend. Ein Kandidat, der nach zwei schlechten Gesprächen interviewt wird, hat in der Regel bessere Chancen, als wenn er nach zwei exzellenten Bewerbern in das Interview kommt.

Gerne präferiert man Kandidaten, die dem eigenen Lebenslauf, den eigenen Verhaltens- oder Denkweisen sehr nahe kommen, so zum Beispiel, weil sie aus derselben Stadt wie man selbst kommen. Haben Sie schon einmal beobachtet, wie spontan-sympathisch sich zwei Menschen sind, wenn sie erkennen, dass sie Anhänger desselben Fußballvereins sind oder dass beide bereits den New-York-Marathon absolviert haben? Mit anderen Worten, Gemeinsamkeiten können eine nicht zu unterschätzende Rolle spielen.

Die Umkehrung dieses Sachverhaltes kann ebenso einer Fehleinschätzung Vorschub leisten. Ihr Gegenüber ist Anhänger des 1. FC Bayern, während Sie Fan des BVB Dortmund sind. Oder aber der Kandidat zeigt seine politische Einstellung, die absolut konträr zu Ihrer eigenen ist. Hier fällt es schwer, die Objektivität zu wahren.

Und dann bliebe auch noch der Aspekt der „Selffulfilling Prophecy" zu berücksichtigen, was bedeutet, dass man sich bereits vor dem Gespräch eine Meinung gebildet hat und man während des Gespräches besonders auf Kriterien achtet, die diese Meinung bestätigen. Die Wahrnehmung wird sozusagen durch das Vorurteil gefiltert.

Wie lassen sich solche potenziellen Fehlerquellen jedoch vermeiden – oder zumindest soweit reduzieren, dass unser Urteil dadurch nur in einem noch akzeptablen Rahmen beeinträchtigt wird? Ein erster Schritt ist zweifelsfrei die Empfehlung, sich möglichst exakt an den Interviewleitfaden und an das Hinterfragen der Briefing-Vorgaben zu halten. Durch diese Vorgehensweise ist eine bessere Vergleichbarkeit der Kandidaten untereinander gegeben.

Bei der Auswertung der einzelnen Fragen ist es wichtig, immer nur das zu beurteilen, was der Bewerber auch tatsächlich gesagt hat. Interpretationen des Gesagten, Vermutungen oder Annahmen sind dabei unzulässig und leiten unter Umständen in die falsche Richtung (vgl. hierzu Abschn. 7.2.1). Und sollten Sie tatsächlich etwas vermuten oder ahnen, dann kennzeichnen Sie dies, damit es später als Annahme oder Ähnliches erkennbar ist.

Des Weiteren sollte man versuchen, das Interview immer zu zweit durchzuführen. Vier Augen und Ohren sehen bzw. hören bekanntermaßen mehr als nur zwei. Die Praxis dokumentiert darüber hinaus immer wieder, wie unterschiedlich Menschen und Situationen von einem Mann bzw. einer Frau beurteilt werden. Hierbei werden Sachverhalte häufig ganz anders zur Kenntnis genommen und/oder interpretiert. Wie bereits erwähnt, ist es deshalb empfehlenswert, als Gesprächspartner immer eine Person des anderen Geschlechtes zu involvieren. Der gemeinsame Informationsaustausch und die Interpretationen sind nach der Beendigung eines Interviews von immenser Bedeutung.

▶   **PROFI-TIPP**
    Lassen Sie bei der Beurteilung niemals Ihre Intuition und Gefühle außer Acht. Begründen Sie aber, warum Sie Sympathie- oder Antipathiepunkte vergeben haben.

Aufgrund dieser Erkenntnisse und bei deren Beachtung sollte es möglich sein, Realitätstrübungen zu vermeiden. Die Konklusion eines Interviews (s. Tab. 7.4), die nach dem Gespräch erstellt wird, enthält die wichtigsten Briefing-Vorgaben, wobei die „Muss-können-/Muss-haben"-Kriterien bei den Hard Skills und Soft Skills aus dem ursprünglich erstellten Briefing entnommen sind.

Tab. 7.4 Beurteiler-Kommentare

BEURTEILER-KOMMENTARE				
Bewerber-Name				
Datum/Ort				
Kriterien/Bewertung	Sehr gut	Normal	Schlecht	Bemerkungen
1. Allgemeines				
Bewerbungsunterlagen				
Anschreiben				
Lebenslauf				
Zeugnisse				
Sonstiges				
Erscheinung/Umgangsformen				
Aufmerksamkeit/Konzentration				
Auskunftsbereitschaft				
Informationsinteresse				
2. Hard Skills (muss können):				
Kaufmännischer Bereich				
Vertrieb				
Nonfood				
Mittelstandserfahrung				
Regionaler Vertrieb				
Direktvertrieb				
Großhandel				
Vertriebskonzepterstellung				
Reporting-Präsentationen				
3. Soft Skills (muss haben):				
Teamfähigkeit				
Logisches Denken				
Ergebnisorient. Einstellung				
Kommunikationsfähigkeit				
Durchsetzungsvermögen				
4. Gesamturteil				
PROS:		CONS:		
SONSTIGES:				

7.3.2 Auswertung der Kandidaten-Skills

Mein guter Freund Thorben-Hendrik hatte jetzt plötzlich Blut geleckt. Er wollte eine noch detailliertere Vorgehensweise bei der Beurteilung haben. Es war nach den gemachten Erfahrungen sein erklärtes Ziel, mit allen möglichen Mitteln auszuschließen, dass ihm nochmals teure und zeitraubende Fehler im Rahmen des Einstellungsprozesses unterlaufen sollten.

Er nahm deshalb zum wiederholten Male die zur Vorbereitung des Interviews an die Kandidaten geschickten Kenntnisformulare („Hard Skills") zur Hand und überprüfte, ob die Bewerberangaben tatsächlich mit seinen Eindrücken übereinstimmten.

Hierbei berücksichtigte er nicht nur die „Muss-können"-Kriterien seines Frage-Leitfadens, welchen er im Interview benutzt hatte, sondern alle vorgegebenen.

Gleiches machte er nicht nur bei dem ersten Kandidaten, sondern ebenfalls bei dem zweiten Kandidaten Max Muster und verglich anschließend seine beiden Bewertungen mit denen seiner Interviewpartnerin. Man diskutierte die unterschiedlichen Einschätzungen und gelangte schlussendlich zu einer abgestimmten Beurteilung, wobei insbesondere jene Kriterien interessant waren, bei denen große Differenzen zwischen der Eigenbeurteilung des Kandidaten – welche die Kandidaten ja vor dem Interview bereits abgegeben hatten – und der Einschätzung von Thorben-Hendrik und der seiner Interviewpartnerin bestanden.

Diese endgültige Bewertung wurde dann noch durch die Vorgaben des Briefings ergänzt und mit diesen multipliziert, um so ein gewichtetes und interpretierbares Ergebnis (s. Abb. 7.2 und 7.3) zu erhalten.

Kriterium	Briefing	Klaus Test	gewicht. Ergebnis	Max Muster	gewicht. Ergebnis
Unternehmens-Bereiche					
Kaufmännischer Bereich	3	3	9	3	9
Vertrieb	3	3	9	3	9
Marketing	2	3	6	2	4
Einkauf	1	2	2	1	1
Produktion	1	2	2	1	1
Logistik	2	2	4	3	6
Personal	2	3	6	2	4
EDV	2	3	6	3	6
Recht	1	1	1	2	2
Export	2	3	6	3	6
Summe	19	25	51	23	48
Branchen-/Business-Bereiche					
Nonfood	3	3	9	3	9
Food	1	2	2	3	3
Dienstleistung	2	2	4	1	2
Handel	2	2	4	3	6
Industrie	2	3	6	3	6
B2C	2	2	4	3	6
B2B	2	2	4	1	2
Mittelstands-Erfahrung	3	3	9	3	9
Großunternehmens-Erfahrung	2	2	4	2	4
Internationale Erfahrung	2	2	4	3	6
Summe	21	23	50	25	53
Vertriebsfunktionen					
Internationaler Vertrieb	2	3	6	3	6
Nationaler Vertrieb	2	3	6	3	6
Regionaler Vertrieb	3	2	6	2	6
Bezirksvertrieb	2	2	4	3	6
Key Account Management	2	3	6	3	6
Merchandising	1	1	1	2	2
Innendienst	2	3	6	2	4
Direktvertrieb	3	3	9	1	3
Indirekter Vertrieb	2	3	6	3	6
Summe	19	23	50	22	45
Spezielle Vertriebskenntnisse					
Großhandel	3	3	9	2	6
Einzelhandel	2	2	4	3	6
Channel Management	2	2	4	3	6
CRM	2	2	4	2	4
ECR	2	1	2	2	4
Messen	2	3	6	3	6
Klassisches Marketing	1	2	2	1	1
Handelsmarketing	2	3	6	3	6
Summe	16	18	37	19	39

Abb. 7.2   Kandidatenvergleich Hard Skills Teil I

Kriterium	Briefing	Klaus Test	gewicht. Ergebnis	Max Muster	gewicht. Ergebnis
Planung					
Vertriebskonzept-Erstellung	3	3	9	3	9
Kundenplanung (inkl. DB, Mengen, Umsatz)	2	3	6	3	6
Neugeschäftsplanung	2	2	4	3	6
Budgetplanung, Forecast	2	3	6	3	6
Vertriebscontrolling	2	2	4	2	4
Budgetverantwortung	2	3	6	3	6
Wettbewerbsanalysen	1	1	1	2	2
Marktanalysen	1	1	1	2	2
Summe	**15**	**18**	**37**	**21**	**41**
Reporting					
Erstellen von Monats-, Quartals-, und Jahresberichten	0	0	0	2	0
Reporting-Präsentationen	3	1	3	2	6
Entwicklung von Vertriebsinfo.- und Steuerungssystemen	2	1	2	2	4
Pflege von Vertriebsinfo. und Steuerungssystemen	1	2	2	2	2
Steuerung durch Kennzahlen	1	2	2	2	2
Summe	**7**	**6**	**9**	**10**	**14**
Führungskenntnisse					
Führungs-Instrumente	2	2	4	2	4
Einstellung	0	0	0	2	0
Entlassung	0	0	0	1	0
Fachliche Führung	2	3	6	2	4
Disziplinarische Führung	2	3	6	3	6
Beurteilungsgespräche	2	2	4	2	4
Ausbildung/ Qualifikation	2	2	4	2	4
Umgang mit Betriebsrat	0	0	0	1	0
Summe	**10**	**12**	**24**	**15**	**22**
Sprachen					
Englisch	2	3	6	3	6
Französisch	1	0	0	0	0
Summe	**3**	**3**	**6**	**3**	**6**
Sonstiges					
IT-Programme	2	2	4	2	4
Summe	**2**	**2**	**4**	**2**	**4**
Gesamtsumme	**112**	**130**	**268**	**140**	**272**

Abb. 7.3 Kandidatenvergleich Hard Skills Teil II

Max Muster lag nach dieser Auswertung im gewichteten Bereich knapp vor Klaus Test. Es zeigte sich des Weiteren, dass beide Kandidaten mit 130 bzw. 140 absoluten Punkten über den Briefing-Anforderungen von 112 lagen. Es ergab sich unter diesem Aspekt somit die Frage, ob beide möglicherweise überqualifiziert seien. Nach eingehender Diskussion erkannte man jedoch, dass dieses „Mehr-Wissen/Mehr-Können" in einem Rahmen lag, der beiden Bewerbern nicht das Gefühl der Unterforderung vermitteln könnte, sondern als Möglichkeit positiver Impulse für das Unternehmen gesehen wurde.

Zusammengefasst hatte Thorben-Hendrik nach dieser Übung ein hervorragendes Gesamtbild zu dem Themenkreis der Hard Skills – und ein ebensolches Gefühl.

Neben dieser Darstellung, die ihm eine fundierte Entscheidungsgrundlage verschaffte, wollte er ergänzend wissen, wie sich die Kandidaten in den einzelnen Anforderungskategorien darstellten. Hierzu stellte er eine Tabelle (s. Abb. 7.4) auf, die ihm Auskunft gab, wie viele Punkte jeder der Bewerber in der „3er-Kategorie", in der „2er-Kategorie" usw. erhalten hatte.

Kenntnis-Kategorie	Briefing	Klaus Test	Max Muster
3 = (hervorragende Kenntnisse)	27	24	22
2 = (gute Kenntnisse)	74	90	94
1 = (Grundkenntnisse)	11	16	18
0 = (keine K. notwendig)	0	0	6
Summe	112	130	140

Abb. 7.4 Kandidatenvergleich Hard Skills nach Kategorien

Dass beide zum Teil mehr als 100 % erreichten, lag daran, dass sie sich bei diesen Kriterien höher „bepunktet" hatten, als es im Briefing gefordert war.

Was nun noch blieb, war die Auswertung und der Vergleich der Soft Skills. Es wurde die gleiche Methode wie bei den Hard Skills angewandt, jedoch mit dem Unterschied, dass es verständlicherweise keine Eigeneinschätzung der Kandidaten gab.

Die Eindrücke in Bezug auf die Soft Skills besprach Thorben-Hendrik ebenfalls mit seiner Interviewpartnerin, wobei jeder diese erst einmal für sich alleine notierte. Bei dem anschließenden Vergleich war er erstaunt, wie unterschiedlich sich die Wahrnehmungen der beiden in den einzelnen Bereichen darstellten. Die anschließende Auswertung der Soft Skills (hier für Klaus Test) lässt sich der Abb. 7.5 entnehmen.

Es erhebt sich bei dieser Gelegenheit somit die Frage, wie man Soft Skills bewertet. Thorben-Hendrik hatte bei der besonders wichtigen Position eines neues Marketing- und Vertriebsleiters zur Ergänzung des obligatorischen Interviews dem Kandidaten angeboten, mit ihm eine Runde Golf zu spielen. Er hatte in den Unterlagen nämlich gesehen, dass der Bewerber „Golf spielen" als Hobby angegeben hatte. Nach 18 Loch, d. h. einer kompletten Runde, hatte mein Freund den Bewerber in fast allen denkbaren Gelegenheiten kennengelernt. In der Freude, wenn ihm ein toller Schlag gelungen war, kurz vor dem Wutausbruch,

Position: Vertriebsleiter/in
Name des Kandidaten: Klaus Test

Persönliche Eigenschaften :	Wichtigkeit lt. Briefing (0–4)	Kandidaten- Ausprägung lt. Interview
Lernbereitschaft	3	4
Initiative	3	3
Teamfähigkeit	4	4
Entscheidungsfreudigkeit	2	2
Überzeugungskraft	3	2
Problemanalyse	3	3
Vernetztes Denken	3	3
Belastbarkeit	3	3
Verhandlungsgeschick	3	3
Konfliktfähigkeit	2	2
Flexibilität	3	3
Frustrationstoleranz	2	2
Logisches Denken	4	4
Kompromißfähigkeit	3	2
Innovationsfähigkeit	2	3
Unternehmerisches Denken	3	3
Führungsfähigkeit	3	3
Risikobereitschaft	2	3
Streßstabilität	3	3
Ergebnisorientierte Einstellung	4	4
Erfolgswille	3	3
Selbstmotivation	2	3
Kundenorientierung	3	3
Kommunikationsfähigkeit	4	4
Organisationsfähigkeit	3	3
Zielorientierung	3	4
Anpassungsfähigkeit	2	3
Durchsetzungsvermögen	4	3
Kreativität	3	2
Dominanz	1	1
Ausgeglichenheit	2	2
Freundlichkeit	2	2
Wortgewandtheit	3	3
Zuverlässigkeit	3	3
Urteilsvermögen	3	3
Integrität	3	3

SOLL =
IST =

Abb. 7.5   Auswertung der Soft Skills

nachdem er zweimal den Ball ins Wasser geschlagen hatte, und in vielen weiteren emotional geprägten Situationen. Das Ergebnis war überzeugend, also entschloss man sich an Loch 19 (= Restaurant), noch eine Kleinigkeit zu sich zu nehmen. Und dort begann das Desaster! Der Kandidat berichtete in voller „epischer Breite", wie toll er war, warum er so oder so geschlagen hatte und warum der Platz eigentlich gar keine Herausforderung für ihn gewesen sei. Als sich dann während des Essens das Repertoire der Tischsitten auf ein überschaubares Minimum reduzierte, erkannte mein Freund schnell, dass er diesen Menschen nicht in dem Namen der Firma auf seine Kunden loslassen konnte. Eine Erkenntnis hatte Thorben-Hendrik aber auf jeden Fall gewonnen: Nach einer Runde Golf (mit 19 Löchern) kann man einen Menschen sehr gut einschätzen.

Viele, mit denen ich darüber gesprochen habe, konnten dies bestätigen – aber bekanntlich spielt nicht jeder Kandidat bzw. Personalentscheider Golf. (Sollten Sie eine leitende Person eines Unternehmens unter der Woche auf dem Golfplatz treffen, dient dies nicht seiner persönlichen Erbauung, sondern er führt lediglich ein Bewerbungsgespräch! Das behaupten zumindest Scherzbolde.) Wissenschaftlich fundierter sind hingegen Verfahren, welche die Persönlichkeit eines Menschen anhand von Tests untersuchen. Hier gibt es Analysen, die eine Beschreibung der Soft Skills eines Kandidaten geben, mit seinen Charaktereigenschaften, deren Ausprägung, seinen Schwächen bzw. Stärken und vieles andere mehr. Diese Tests sind in der Regel sowohl zeitlich als auch inhaltlich sehr umfangreich und stellen einen weiteren und aufschlussreichen Mosaikstein bei der Erstellung eines Kandidaten-Gesamtbildes dar. Aus den bereits erwähnten Gründen soll im Rahmen dieses Buches jedoch nicht weiter darauf eingegangen werden.

Neben dieser Auswahl von beschriebenen Möglichkeiten, die Soft Skills eines Kandidaten nicht nur zu erkennen, sondern auch zu bewerten, gibt es noch ein weiteres und nicht zu unterschätzendes Instrument, das man einfach Menschenkenntnis nennt. Hierzu wurde ebenfalls eine schier unüberschaubare Anzahl von Büchern geschrieben, deren Inhalte von wissenschaftlich basierten Erkenntnissen bis „Kaffeesatzlesen" reichen. Genau genommen bekommt man Menschenkenntnis – wie das Wort „Kenntnis" auch bereits zum Ausdruck bringt – am besten dann, wenn man häufig mit Menschen umgeht. Jede dieser Erkenntnisse kann den Lern-Horizont erweitern und gemachte Erfahrungen aus der Vergangenheit in eine aktuelle Situation projizieren. Somit ist Menschenkenntnis auch nur bedingt aus theoretischen Abhandlungen zu erlernen, sondern vor allem im täglichen Umgang mit Menschen.

Doch zurück zu meinem Freund und seiner Vorgehensweise: Er war froh, dass er eine weitere Person zu dem Gespräch hinzugezogen hatte und so auch einen anderen Blick auf verschiedene Aspekte erhielt. Das Ergebnis der Diskussion und die daraus folgende Auswertung der Soft Skills im Kandidatenvergleich stellten sich letztendlich wie in Abb. 7.6 dar.

Kriterien	Briefing	Klaus Test	gewicht. Ergebnis	Max Muster	gewicht. Ergebnis
Persönliche Eigenschaften					
Lernbereitschaft	3	4	12	3	9
Initiative	3	3	9	3	9
Teamfähigkeit	4	4	16	3	12
Entscheidungsfreudigkeit	2	2	4	2	4
Überzeugungskraft	3	2	6	2	6
Problemanalyse	3	3	9	2	6
Vernetztes Denken	3	3	9	2	6
Belastbarkeit	3	3	9	4	12
Verhandlungsgeschick	3	3	9	3	9
Konfliktfähigkeit	2	2	4	2	4
Flexibilität	3	3	9	2	6
Frustrationstoleranz	2	2	4	1	2
Logisches Denken	4	4	16	3	12
Kompromißfähigkeit	3	2	6	3	9
Innovationsfähigkeit	2	3	6	1	2
Unternehmerisches Denken	3	3	9	3	9
Führungsfähigkeit	3	3	9	2	6
Risikobereitschaft	2	3	6	4	8
Streßstabilität	3	3	9	2	6
Ergebnisorientierte Einstellung	4	4	16	4	16
Erfolgswille	3	3	9	3	9
Selbstmotivation	2	3	6	3	6
Kundenorientierung	3	3	9	4	12
Kommunikationsfähigkeit	4	4	16	3	12
Organisationsfähigkeit	3	3	9	2	6
Zielorientierung	3	4	12	2	6
Anpassungsfähigkeit	2	3	6	4	8
Durchsetzungsvermögen	4	3	12	3	12
Kreativität	3	2	6	3	9
Dominanz	1	1	1	2	2
Ausgeglichenheit	2	2	4	3	6
Freundlichkeit	2	2	4	3	6
Wortgewandtheit	3	3	9	3	9
Zuverlässigkeit	3	3	9	2	6
Urteilsvermögen	3	3	9	3	9
Integrität	3	3	9	3	9
Summe	**102**	**104**	**307**	**97**	**280**

Abb. 7.6 Kandidatenvergleich Soft Skills

Neben dieser Darstellung wollte Thorben-Hendrik – ebenso wie bei den Hard Skills –
auch bei den Soft Skills prüfen, wie oft eine vorgegebene Briefing-Anforderung von dem
jeweiligen Kandidaten erreicht wurde (s. Abb. 7.7). Dabei musste beachtet werden, dass
eine Bewertung, wie zum Beispiel „4", die als „sehr wichtig" vor dem Interview in die Anforderungen einging, nach dem Interview als „ist vollkommen vorhanden" beurteilt wird.
Da hier mehr Abstufungen sinnhaft sind als bei den Hard Skills (s. Abb. 7.4), soll nochmals
darauf hingewiesen werden, dass hier Bewertungen von 0 bis 4 möglich waren.

Persönlichkeits-Kategorie	Briefing	Klaus Test	Max Muster
4 = (sehr wichtig)	20	19	16
3 = (wichtig)	63	62	56
2 = (bedingt wichtig)	18	22	23
1 = (unwichtig)	1	1	2
0 = (darf nicht sein)	-	-	-
Summe	102	104	97

Abb. 7.7 Kandidatenvergleich Soft Skills nach Kategorien

Insgesamt ergab sich bei den Soft Skills für Klaus Test ein positiveres Bild als für Max
Muster. Daraus resultierte die schwierige Situation, dass es bei den Hard Skills und Soft
Skills unterschiedliche Gewinner gab. Bei den Hard Skills war es Max Muster und bei den
Soft Skills Klaus Test.

Der Buch-Verfasser hätte es sich an dieser Stelle einfach machen und einen Kandidaten in beiden Segmenten gewinnen lassen können – aber das wahre Leben ist nun einmal
anders. Also zurück zu Thorben-Hendrik.

7.3.3   Die Entscheidung

Um nun eine Entscheidung treffen zu können, bedurfte es zum einen der Ergebnisse der
Soft Skills und Hard Skills, wie sie bereits berechnet waren (s. Abb. 7.2 bis 7.7) und zum
anderen eines Überblickes über die „Allgemeinen Rahmendaten" (s. Abb. 7.8) wie Gehalt,
Verfügbarkeit, Ausbildungsabschlüsse etc.

Name	Klaus Test	Max Muster
Alter	39	37
Ausbildungsabschluß	Dipl. Volkswirt	Dipl. Kaufmann

Job-Positionen	- Agentur-Kontakter
	- Account Director
	- Marketing Manager
	- Nat. Key Account
	  Manager
		- Junior PM
		- PM
		- Senior PM
		- Marketingleiter
		- Nat. Vertriebs-
		  Leiter

Fremdsprachen	GB, I	GB, F
Berufserfahrung Jahre	14	13
Gehalt (TEURO)	135 + 5 %	125 +10 %
Kündigungsfrist/ Verfügbar ab	3 Mon. zum Quartal	sofort

Abb. 7.8   Kandidatenvergleich der „Allgemeinen Rahmendaten"

Jetzt stand mein Freund da, hatte alle weitestgehend kalkulierbaren und einzuschätzenden Aspekte bis zu diesem Moment berücksichtigt und war sich dennoch unsicher. Kurz gesagt, er fühlte sich unwohl und sah sich außerstande, eine eindeutige Entscheidung zu treffen.

In solch einer Problem-Situation gibt es nur eine Lösung, nämlich die wiederholte Einladung der Kandidaten. Dabei sollte man die Chance nutzen, weitere Personen aus dem eigenen Unternehmen in den Auswahlprozess zu integrieren, die in dem späteren Tätigkeitsfeld direkte oder indirekte Kontakte mit dem neuen Mitarbeiter haben werden. Es muss jedoch darauf geachtet werden, dass keine Personen eingeladen werden, denen ein Neidverhalten gegenüber dem Kandidaten bzw. der Position/Abteilung oder ähnlich Negatives unterstellt werden kann bzw. könnte.

In diesem zweiten Interview wird dann vertiefend auf die offenen und weiter zu hinterfragenden Aspekte eingegangen, d. h., es werden alle Themenkreise nochmals beleuchtet, die für die Auswahl-Entscheidung eine hohe Priorität besitzen.

In höheren Positionen ist es nicht unüblich, dass der Bewerber bis zu 7 oder sogar 8 Interviews mit unterschiedlichen Personen des Unternehmens führt. Sollte dann noch ein Mutterkonzern, eine Holding oder Ähnliches existieren – vielleicht sogar im Ausland –, dann wird sich auch der dortige Führungs-Kreis, wie z. B. der ansässige Vorstand, ein Mitbestimmungsrecht vorbehalten, was auch bei der Planung des Zeitrahmens zu berücksichtigen ist!

Dieses ist jedoch die Ausnahme, wohingegen zwei bis drei Gespräche bei einer „normalen" Stellenbesetzung nicht nur üblich, sondern auch angebracht und empfehlenswert sind. So kann man unter anderem sicherstellen, dass man einen Kandidaten nicht nur in einer einmaligen Tagesform erlebt hat, sondern dass sein momentanes Verhalten generalisiert werden kann.

Vor allem sollte man in keiner Phase vergessen, die Arbeitnehmervertretung(en) – sofern vorhanden – zu informieren bzw. zu integrieren. Hierzu aber später mehr.

Thorben-Hendrik sah sich also beide Kandidaten nochmals mit einem anderen Interviewpartner an und traf letztendlich die Entscheidung für Klaus Test – auch weil er noch die folgende goldene Regel im Kopf hatte.

▸ **PROFI-TIPP**
Die meisten Mitarbeiter werden aufgrund ihres Fachwissens eingestellt und wegen ihrer Persönlichkeit entlassen.

Obwohl es sich im Nachhinein betrachtet um einen aufwendigen Prozess gehandelt hatte, war er froh, eine fundierte Entscheidung treffen zu können, sodass er Herrn Test ein Vertragsangebot unterbreiten konnte. Er war sich noch unsicher, ob er die Vertragsunterzeichnung auf dem postalischen Weg abwickeln sollte oder im Rahmen eines persönlichen Treffens. Ersteres erfolgt dadurch, dass zwei vom Arbeitgeber unterschriebene Vertragsexemplare an den künftigen Mitarbeiter geschickt werden, von denen dieser eines unterschrieben wieder zurückschickt. Thorben-Hendrik entschied sich jedoch für die zweite Alternative, da er sie für diese wichtige Position als adäquater erachtete.

Um Zeit zu sparen, hatte er Herrn Test den Standard-Arbeitsvertrag seines Unternehmens bereits vor der offiziellen und persönlichen Vertragsunterzeichnung zugesandt, um so telefonisch noch offene Punkte im Sinne einer Win-win-Situation klären zu können. Der Vollständigkeit halber soll darauf hingewiesen werden, dass das Zustandekommen eines Arbeitsvertrages nicht der Schriftform bedarf! Deshalb sollte man darauf achten, keine Willenserklärung abzugeben, die vom Kandidaten als ein Vertragsangebot verstanden werden könnte – es sei denn, dass es so gewollt ist.

7.3.4   Die Nacharbeit

Nach der Vertragsunterschrift bzw. der Vertragsrücksendung sollten die entsprechenden Aktivitäten eingeleitet werden. Es ist eine Frage der Fairness und der Außendarstellung eines Unternehmens, den abgelehnten Kandidaten möglichst schnell eine Information über die Entscheidung zukommen zu lassen – egal, ob sie zu einem Bewerbungsgespräch eingeladen wurden oder bereits in der Vorauswahl nicht berücksichtigt werden konnten.

Aus Datenschutzgründen empfiehlt es sich immer, die überlassenen Unterlagen zurückzusenden – was bei Bewerbungen per E-Mail natürlich obsolet ist. Wollen Sie dennoch die persönlichen Daten des Kandidaten für spätere Zwecke archivieren, so bedarf es der ausdrücklichen Genehmigung des Kandidaten. Achten Sie ebenfalls darauf, dass Sie die jeweils gültigen Datenschutz-Auflagen erfüllen. Eine Absage könnte wie folgt aussehen:

> **Beispiel**
>
> **Ihre Bewerbung als Marketing-Managerin**
>
> Sehr geehrte Frau Müller,
>
> wir danken Ihnen für Ihre Bewerbung und Ihr Interesse an der ausgeschriebenen Stelle. Leider müssen wir Ihnen mitteilen, dass die Position anderweitig besetzt wird. Wir bedauern, Ihnen keinen positiven Bescheid geben zu können.
> Die uns freundlicherweise überlassenen Unterlagen erhalten Sie mit separater Post.
> Wenn Sie einer Speicherung Ihrer Daten zustimmen, informieren wir Sie, sofern eine zukünftige von uns zu besetzende Position Ihrem Profil entspricht. Bitte geben Sie uns einfach kurz Bescheid, ob Sie damit einverstanden sind.
> Wir danken Ihnen für das entgegengebrachte Vertrauen und wünschen Ihnen für Ihre Zukunft alles Gute und viel Erfolg.
>
> Mit freundlichen Grüßen

Der Passus: „Die uns freundlicherweise überlassenen Unterlagen erhalten Sie mit separater Post" entfällt selbstverständlich bei Bewerbungen per E-Mail genauso wie der Zusatz mit der Erlaubnis zur Datenspeicherung, wenn eine solche unternehmensseitig nicht gewünscht bzw. angebracht ist.

Auch Thorben-Hendrik hatte eine ähnliche Absage an einen Kandidaten geschickt. Kurz darauf erhielt er von diesem einen Anruf, der in einem lockeren und sehr freundlichen Stil direkt nach den Gründen der Absage fragte. Er wolle ja letztendlich dazulernen, um bei zukünftigen Bewerbungen eine bessere Chance zu haben.

Der ehemalige Kandidat hatte bereits im Interview einen sehr sympathischen und offenen Eindruck gemacht, und so dachte sich mein Freund auch nichts Böses dabei, als er ihm, auch aus einem gewissen sozialen Engagement heraus, einige Hinweise und Tipps gab.

So teilte er ihm unter anderem mit, dass er mit seiner erwähnten aktiven Gewerkschaftstätigkeit doch einige Bedenken hervorgerufen hätte und dass man sich für diese Position eher einen jüngeren Bewerber vorgestellt hatte. Weitere Dinge, die ihm negativ aufgefallen waren, wie z. B. die feuchte Aussprache und der leichte Körpergeruch, ließ er aus Höflichkeitsgründen unerwähnt.

Thorben-Hendrik hatte zwar schon von dem Allgemeinen Gleichbehandlungsgesetz (AGG) gelesen, war sich jedoch sicher, dass am Telefon nichts passieren kann. Außerdem war der Kandidat auch heute wieder so nett, und es war auch angenehm, dass er die Absage keineswegs persönlich nahm, sondern als Ansporn betrachtete.

Tja, weit gefehlt! Es dauerte nur wenige Tage, bis mein Freund Nachricht eines Anwaltes erhielt, der sich auf das Telefonat bezog und einen Verstoß gegen das AGG postulierte. Es zeigte sich, dass der ach so sympathische Kandidat einer zweiten Person eine Mithörgelegenheit bei dem Telefonat gegeben und das Ganze auch noch aufgezeichnet hatte. Egal wie die Geschichte auch letztendlich ausgehen wird, so zeigt sie doch, wie schnell man hinters Licht geführt werden kann – auch wenn man nur gute Absichten vermutete.

▸   PROFI-TIPP
    Geben Sie Gründe für die Ablehnung eines Kandidaten nur insoweit an, wie es der Gesetzgeber vorschreibt. Verweisen Sie ansonsten auf unverfängliche Allgemein-Aussagen.

Sollte ein Bewerber jedoch darauf bestehen, die Gründe seiner Ablehnung zu erfahren, so hat er laut dem Europäischen Gerichtshof (EuGH) kein generelles Recht darauf. Demzufolge kann ein abgelehnter Bewerber auch keine Einsicht in die Unterlagen des eingestellten Kandidaten nehmen, um eventuell Vergleiche mit diesem vorzunehmen, was auch nur schwerlich mit dem Datenschutz zu vereinbaren wäre.

Jedoch hat diese richterliche Instanz auch festgestellt, dass ein konsequentes Schweigen des Arbeitgebers unter Umständen als ein Indiz für eine Diskriminierung angesehen werden kann. Der Arbeitgeber muss dann beweisen können, dass er die Stelle diskriminierungsfrei und ausschließlich aufgrund sachlicher Aspekte besetzt hat. Dieses wird in der Rechtsprechung als sogenannter Negativbeweis bezeichnet.

Es ist auf jeden Fall ratsam und angebracht, die Unterlagen der abgelehnten Kandidaten aus Beweissicherungsgründen nicht sofort mit der Absage zurückzusenden, da von diesem Personenkreis eventuelle Schadensersatz- oder Entschädigungsansprüche erhoben werden könnten, welche innerhalb von zwei Monaten nach der Absage vom Bewerber geltend zu machen sind. Allgemein ist jedoch ein Aufbewahren der Bewerbungsunterlagen von bis zu sechs Monaten denkbar, da sich die Fristen durch postalische Nichtzustellungen o.a.m. verzögern können. Nach dieser Zeit darf davon ausgegangen werden, dass es zu keinen Ansprüchen mehr kommen wird.

Werden die Originale vorher zurückgesandt, sollten sie kopiert oder eingescannt werden. Es muss jedoch sichergestellt sein, dass alle Unterlagen danach vernichtet werden – es sei denn, der Kandidat hat seine Einwilligung zu einer Aufbewahrung seiner Unterlagen gegeben.

Ausnahmen von dem Gesagten gelten jedoch im Fall von Bewerbungen Schwerbehinderter. Erfüllt ein Arbeitgeber die Schwerbehindertenquote (durchschnittlich monatlich 5 % der Arbeitnehmer p. a. bei Betrieben über 20 Personen) nicht, so ist er verpflichtet, sowohl der Schwerbehindertenvertretung als auch dem Betriebs- bzw. Personalrat und vor allem auch dem Kandidaten eine begründete Entscheidung mitzuteilen.

Auch unter diesen rechtlichen Aspekten zeigt sich deshalb, wie wichtig es ist, das in diesem Buch beschriebene (beweissichernde) Prozedere mit der ausführlichen Dokumentation durchzuführen – nicht nur zum Finden des geeignetsten Kandidaten, sondern auch aus rechtlichen Selbstschutz-Gründen.

Doch weiter zum Fortgang der Einstellung und dem Erfreulichen. Nach der Entscheidung und der Rücksendung aller Bewerberunterlagen ist eine frühzeitige Information der direkten Mitarbeiter, gefolgt von einer Ankündigung im Intranet, am „Schwarzen Brett" oder in der Mitarbeiter-Zeitschrift genauso notwendig wie die Bereitstellung der Arbeits- und Umfeld-Materialien – egal ob dies die Essensmarken, ein Spind, ein Schreibtisch, die Aufnahme in das Telefonverzeichnis oder das Firmenfahrzeug sind. Hier steckt der Teufel gerne im Detail und eine Checkliste kann hilfreich sein. Eine allgemeingültige Aufstellung ist hier jedoch nicht möglich, da von Unternehmen zu Unternehmen, von Position zu Position und von Hierarchieebene zu Hierarchieebene diese Kriterien höchst unterschiedlich sind. Gehen Sie bei Ihren Überlegungen einfach davon aus, wie Sie gerne von einem Arbeitgeber empfangen werden möchten und was Sie als Erst-Ausstattung erwarten.

Denken Sie auch daran, welche Firmenkultur in Ihrem Haus gelebt wird bzw. werden sollte. So ist es zweifelsfrei ein Unterschied, ob der neue Mitarbeiter von seinem Vorgesetzten bei den eigenen Mitarbeitern und in den anderen Abteilungen bzw. bei den anderen Abteilungsleitern persönlich vorgestellt wird oder ob man „den Neuen" diesbezüglich sich selbst überlässt. Auch sollte man nicht vergessen, die einschlägigen Medien über die Neueinstellung zu informieren, sofern die Position eine adäquate Bedeutung hat.

Für den neuen Mitarbeiter sollte darüber hinaus ein Einarbeitungsplan erstellt werden, wann er mit wem ein Gespräch führen wird und welche Aspekte dabei besonders wichtig sind. Der neue Mitarbeiter sollte dabei immer die Möglichkeit haben, sich ein eigenes und umfängliches Bild zu verschaffen. Insofern ist es wichtig, mit wem die Erstkontakt-Gespräche geführt werden.

Des Weiteren sollte zwischen dem Vorgesetzten und dem neuen Kollegen der übliche gemeinsame und detaillierte Zielerreichungsplan ausgearbeitet werden, der die Erwartungen beider Parteien innerhalb einer gesetzten Frist widerspiegelt. In der Regel ist dies die Probezeit. Dies kann zum Beispiel in Form von MbOs (Management by Objectives) erfolgen. Zwischenzeitliche Gespräche stellen sicher, dass beide Seiten die Erwartungen erfüllen und dass nichts aus dem Ruder läuft.

Thorben-Hendrik hatte an alles gedacht und freute sich zu hören, dass der neue Mitarbeiter bei den Kollegen gut ankam. Mit den Arbeitsergebnissen war er auch mehr als zufrieden. In einem zwischenzeitlichen Zielerreichungs- und Überprüfungsgespräch war er neugierig genug, um nachzufragen, wie denn der neue Kollege das ganze Einstellungs-Prozedere gesehen hatte. Er erfuhr einige interessante Details, die er bei der nächsten Personalsuche berücksichtigen würde. Ebenso erklärte ihm Herr Test, dass man sich in keinem anderen Unternehmen so viel Mühe gegeben hatte, eine für alle Beteiligten fundierte Entscheidungsgrundlage zu erstellen. Und davon war Herr Test tief beeindruckt, da auch er hierdurch den Eindruck erhalten hatte, dass eine Personaleinstellung für das Unternehmen keine „Hau-Ruck-Aktion" darstellt, sondern vielmehr durch ein hochprofessionelles Vorgehen gekennzeichnet ist – und genau solch einen neuen Arbeitgeber hatte er gesucht!

Thorben-Hendrik holte noch einmal die ursprünglichen Unterlagen der Beurteilung hervor, die ihn letztendlich dazu bewogen hatten, genau diesen Kandidaten einzustellen. Und es war für ihn hochinteressant, die früheren Mitschriften erneut zu lesen und mit den bisher gemachten Erfahrungen abzugleichen. Besonders aufschlussreich waren jene Aspekte, die sich als deutlich abweichend herausstellten – auch wenn es nur einige wenige waren. Er versuchte sich nochmals in Erinnerung zu rufen, auf welchen Beobachtungen sein ehemaliges Urteil beruht hatte. Und er erkannte schnell, wie wichtig es letztendlich war, eine gründliche und ausführliche Vorbereitung vorzunehmen. Wie unumgänglich die Situationsanalyse war unter der Berücksichtigung der damaligen Zukunftserwartungen und Ziele, welche Bedeutung die Bestimmung der Hard Skills und Soft Skills, die professionelle Suche und die Gesprächsvorbereitung, -durchführung und -auswertung hatte. Vor allem erkannte er aber eines: Die Besetzung einer Position gehört zu den wichtigsten Entscheidungen, die ein Unternehmen zu treffen hat – leider hat diese Erkenntnis noch nicht überall Einzug gehalten. Es gibt immer tagelange, personalintensive und dennoch notwendige Meetings, wenn es sich um die Investition für eine Maschine handelt. Es sind aber oft nur wenige Stunden vorhanden mit häufig verschlungenen Kommunikationswegen, wenn es um die Besetzung einer Stelle geht.

Dies manifestiert sich gelegentlich auch darin, welche Bedeutung eine Personalabteilung in einem Unternehmen hat. Gerne wird sie als Troubleshooter im Rekrutierungsprozess eingesetzt, ohne sie konsequent in die Entscheidungen mit einzubinden. Oder sie genießt per se ein Schattendasein, ohne dass die Bemühungen, dieses zu verlassen und die Eigen-Reputation auszubauen, auf Gegenliebe stoßen. Vielleicht ist die „Schuldfrage" aber auch nur eine Frage, was zuerst war: Huhn oder Ei?

Nach jetzt zwei Jahren hat „der Neue" seinen festen Platz gefunden und konnte mittlerweile bereits befördert werden. Er ist zu einem richtigen Gewinn für das Unternehmen geworden.

Und Thorben-Hendrik? Er hat durch dieses Buch die professionelle Methodik der Personalsuche und -einstellung kennengelernt. Seine annähernd 100-prozentige Erfolgsquote hat ihm mittlerweile den Ruf eines großen Menschenkenners eingebracht.

Literatur

Sabel, H (2001) Bewerbungsgespräche. Richtig vorbereiten und erfolgreich führen. Lexika, Würzburg

Thorndike EL (1920) A constant error in psychological rating. J Appl Psychol (4):25–29

Lösungen

8

Die Lösung zur Aufgabe „Bitte zeichnen Sie ein Fahrzeug" in Kap. 3 sehen Sie in Abb. 8.1, 8.2 sowie 8.3.

Die Lösung zu den Behauptungen in Abschn. 7.2.1 sehen Sie in Tab. 8.1.

L. M. Schulz, *Das Geheimnis erfolgreicher Personalbeschaffung*,
DOI 10.1007/978-3-658-02632-5_8, © Springer Fachmedien Wiesbaden 2014

Abb. 8.1 Fahrrad (Foto: aboutpixel.de – Lasse Kristensen)

Abb. 8.2   Kutsche (Foto: aboutpixel.de – Rolf Bork)

Abb. 8.3 Eisenbahn (Foto: aboutpixel.de – Markus Gann)

Tab. 8.1 Lösung zu den Behauptungen in Abschn. 7.2.1

Behauptung	Lösung
Ihre Freundin wusste, dass Frau Grün gekündigt werden sollte.	keine Aussage
Der Vorgesetzte von Frau Grün hatte keine Zeit, da er eine Besprechung hatte.	keine Aussage
Frau Grün war seit über 15 Jahren in der Firma.	richtig
Frau Grün öffnete den Brief der Personalabteilung mit einer Schere.	keine Aussage
Als Frau Grün in die Firma ging, war es Frühlingsanfang.	keine Aussage
Ihre Freundin in der Personalabteilung konnte ihr weiterhelfen.	falsch
Sie war die Ruhe selbst, als sie den Brief der Personalabteilung öffnete.	falsch
Frau Grün verließ ihr Büro wie immer um 17:00 Uhr.	falsch
Frau Grün hatte eine kleine Uhr auf ihrem Schreibtisch.	richtig
Herr Grau ist der stellvertretende Personalleiter.	richtig
Herr Grau empfing sie sofort.	falsch
Die Abteilung von Frau Grün sollte verkleinert werden.	falsch
„So, das war's dann" gesagt von Herrn Grau waren seine letzten Worte gegenüber Frau Grün.	keine Aussage
Die Firma von Frau Grün heißt Gall.	richtig
Frau Grün hatte um 11:00 Uhr einen Termin in der Personalabteilung.	richtig

Nachwort

Vielleicht ist bei Ihnen während des Lesens der Eindruck entstanden, dass eine konsequente, professionelle und erfolgsorientierte Personalsuche eine ziemlich aufwendige Angelegenheit ist. Wenn Sie dieser Meinung sind, dann haben Sie recht! Unreflektierte Schnellschüsse, Delegation an halbkompetente „Juniors" oder das Prinzip Hoffnung sind meistens zum Scheitern verurteilt und können für alle Beteiligten fatale Folgen haben. Nehmen Sie sich deshalb die Zeit, und betreiben Sie einmalig den Aufwand, alle beschriebenen Grundlagen zu erstellen, die für Sie und Ihr Unternehmen bei einer Positionsbesetzung wichtig sind, und informieren Sie dabei alle notwendigen Ansprechpartner. Am besten hilft dabei die Ausarbeitung eines Projektplanes mit allen dazugehörigen Aspekten. Je besser diese Vorarbeit ist, desto eher werden Sie feststellen, wie schnell und vor allen Dingen sicher das Einstellungsprozedere ablaufen wird.

Ich hoffe, ich konnte Ihnen viele Anregungen geben, und würde mich freuen, wenn Ihre zukünftigen Bewerber nicht nur einen guten Eindruck machen, sondern für Ihr Unternehmen die Idealbesetzung sind. Sollten Sie weitere Anregungen oder Erfahrungen haben, dann schreiben Sie mir doch einfach. Ich würde mich freuen!

L. M. Schulz, *Das Geheimnis erfolgreicher Personalbeschaffung,*   169
DOI 10.1007/978-3-658-02632-5, © Springer Fachmedien Wiesbaden 2014

Sachverzeichnis